Sobretensiones

I0481054

UNIVERSITAS

Sobretensiones

COORDINACIÓN DE LA AISLACIÓN

Alberto A. Torresi

UNIVERSITAS

Editorial Científica Universitaria

Pje España 1467. B° Nueva Córdoba. (5000) Córdoba. Argentina. Email: univer@cmefcm.ucnor.edu

Diseño de Tapa: Ing. Jorge G. Sarmiento
Autoedición: Jorge Sarmiento
Producción Gráfica: Universitas.

Prohibida su reproducción, almacenamiento y distribución por cualquier medio, total o parcial sin el permiso previo y por escrito de los autores y/o editor. Esta tambien totalmente prohibido su tratamiento informatico y distribución por internet o por cualquier otra red. Se pueden reproducir párrafos citando al autor y editorial y enviando un ejemplar del material publicado a esta editorial.

Hecho el depósito que marca la ley 11.723.

© 2020 Primera Edición en Español. UNIVERSITAS.

Indice

Prólogo

El hecho de haber sido docente de la Facultad de Ciencias Exactas, Físicas y Naturales desde el año 1950 hasta la actualidad, me ha permitido ser testigo de todos los esfuerzos realizados por sus autoridades para dotar a su departamento de Electrotecnia de un Laboratorio donde realizan ensayos eléctricos de alta tensión.

La nueva obra que presenta el Ing. Alberto A. Torresi es complementaria de su libro anterior titulado Mediciones en Alta Tensión y se encuadra en este objetivo. En la última se desarrollan temas vinculados a la coordinación de la aislación y a las protecciones de los sistemas eléctricos sometidos a sobretensiones.

Los resultados representan una valiosa y necesaria contribución en el ámbito de la docencia al acercar y facilitar a estudiosos y alumnos los conocimientos y las técnicas imprescindibles en esta actividad.

Resulta interesante destacar el hecho de que el Ing. Alberto A. Torresi ha realizado sus actividades de estudio y profesionales en sucesivos cargos de Ayudante, Jefe de Ensayos, Director de Laboratorio y Docente en nuestra facultad, lo que nos permite justificar la agradable sensación de compartir con él, los resultados de sus esfuerzos como algo nuestro.

Axel R. S. Nielsen
Profesor Consulto
Universidad Nacional de Córdoba

Córdoba, Noviembre del 2003

1

Sobretensiones

1.1. Introducción

El transporte de la energía eléctrica exige medios adecuados para el tránsito de esa energía, lo cual hace necesario el empleo de materiales que se caracterizan, unos por su elevada conductividad eléctrica y otros por su alta rigidez dieléctrica.

Estos últimos sirven de aislantes y de soportes entre vías de conducción y entre esta y el medio circundante.

El dimensionamiento de los materiales a utilizar en una obra eléctrica está sujeto al conocimiento de las características individuales de cada material, por un lado, y por el cabal conocimiento de las exigencias o solicitaciones a las que deberán estar sometidas en la instalación, por el otro.

A los efectos de garantizar una vida útil razonable de la instalación, se tiene en cuenta la imprecisión con que pueden establecerse algunos factores y la difícil cuantificación de otros, casos de envejecimiento y contaminación, mediante la adopción de márgenes adecuados de seguridad, entre las máximas solicitaciones previsibles y los valores críticos resistidos por los materiales. También es bueno recordar que en la generalidad de las obras eléctricas se debe tratar de atenuar los efectos acumulativos degradantes de los materiales mediante un mantenimiento adecuado.

El dimensionamiento de las partes de una instalación, se basa en el conocimiento cuantitativo de las solicitaciones a las que estarán sometidas y la inclusión de márgenes de seguridad. El dimensionamiento clásico de las partes aislantes de una instalación para el transporte de energía eléctrica utiliza esta metodología en la mayoría de los trabajos de ingeniería.

Un criterio mas reciente de dimensionamiento utiliza métodos que permiten calcular la entidad de los riesgos correspondientes a cada diseño. Los problemas relativos al dimensionamiento pueden ser resueltos por medio de la estimación de los riesgos de falla. No solo esa posibilidad es de realización práctica sino que resulta aconsejable bajo el concepto económico del problema. El dimensionamiento de la aislación de un sistema de transmisión se integra con trabajos de investigación experimental y con métodos de cálculo. Para ello es necesario:

1. El conocimiento de las solicitaciones a las cuales estará expuesta la aislación.

2. El conocimiento de las características de la aislación o resistencia a las diferentes clases de solicitaciones por parte de los diversos aislantes que integran la aislación.

3. Los cálculos matemáticos para determinar los riesgos de falla de las diversas aislaciones concretamente involucradas en la construcción del sistema.

1.2. Conceptos Generales

Se denomina sobretensión a todo aumento de tensión capaz de poner en peligro el material de una instalación eléctrica. La relación entre la sobretensión y la nominal de servicio se llama *factor de sobretensión*.

$$K_s = \frac{U_1}{U}$$

Las sobretensiones pueden, además de producir descargas que destruyan o averíen severamente el material, ser la causa de otras sobretensiones.

Los peligros de sobretensión no se debe solamente a su magnitud sino también a la forma de onda.

Si a pesar de todas las previsiones y precauciones que se pueden tomar en una instalación, se producen sobretensiones, deben procurarse que descarguen a tierra lo más pronto posible por medio de los correspondientes *dispositivos de protección* llamados *descargadores de sobretensión*.

Las sobretensiones se producen tanto en las instalaciones de baja tensión como en las de alta tensión. Generalmente en las instalaciones de baja tensión tiene menos importancia que en las de alta tensión debido a que en estas ultimas, las propias condiciones de funcionamiento provocan la aparición de sobretensiones.

1.3. Clasificación de las sobretensiones.

Existen dos clases de sobretensiones.

1. **Sobretensiones de origen externo** son las sobretensiones que se deben exclusivamente al contacto eléctrico accidental de alguna parte del sistema que se considera, con una fuente de tensión externa al mismo, comprende sobre todo, las sobretensiones de origen atmosférico como ser rayos, y cargas estáticas sobre la líneas. Se las denomina también *sobretensiones atmosféricas*.

2. **Sobretensiones de origen interno** son las que se producen al variar las propias condiciones del servicio del sistema. A este grupo pertenecen las oscilaciones de la intensidad de corriente, las variaciones de carga, las descargas a tierra etc. En todos los procesos, la energía acumulada en los elementos inductivos y capacitivos, que componen los circuitos de una instalación, pueden llegar a descargar de tal modo que originan aumentos de tensión perjudiciales. Esta clase de sobretensiones comprende las *sobretensiones temporarias* y las *sobretensiones de maniobra*.

   - **Sobretensiones Temporarias**: comprende los estados estacionarios que se presentan durante la puesta en servicio o fuera de servicio de una carga sobre todo cuando la red comprende líneas de gran longitud. Se incluyen también en este grupo las sobretensiones permanentes provocadas por defectos a tierra. Las sobretensiones temporarias se caracterizan por su naturaleza oscilatoria, duración relativamente larga y forma de onda poco amortiguada. Su frecuencia puede ser igual, mayor o menor que de la red

- **Sobretensiones de Maniobra**: Son fenómenos transitorios provocados por los bruscos cambios de estado de una red, por ejemplo maniobras de interruptores, descarga a tierra etc. Las sobretensiones de maniobra se caracterizan por su forma impulsiva, con clavadores de frente y hasta el valor medio bastante mayores que la de origen atmosférico.

1.4. Propagación de Sobretensiones

Cuando se aplica instantáneamente una onda de tensión a un conductor, se produce una corriente de carga en dicho conductor. Al mismo tiempo se propaga la tensión a lo largo del conductor, es decir, en el conductor se origina una onda de tensión. Esta onda de tensión puede producirse por el efecto de una descarga atmosférica en las proximidades de una línea.

Para el estudio de los fenómenos de propagación se supone que la inductancia esta uniformemente distribuida a lo largo de la línea, se la mide en Henry por kilómetro y se representa por la L. La capacidad también está uniformemente distribuida, se la mide en Farad por kilómetro y se la representa por C.

Las ecuaciones básicas para las tensiones y corrientes de una línea de constante distribuidas son las siguientes.

$$\frac{\delta^2 v}{\delta x^2} = LC \frac{\delta^2 v}{\delta t^2}$$

$$\frac{\delta^2 i}{\delta x^2} = LC \frac{\delta^2 i}{\delta t^2}$$

Estas ecuaciones representan ondas progresivas. La solución para la tensión puede expresarse en la forma

$$v = F_1\left(t - x\sqrt{LC}\right) + F_2\left(t + \sqrt{LC}\right)$$

es decir, una onda que se mueve en el sentido positivo de x y la otra en el sentido negativo. Además puede demostrarse que debido a que

$$\frac{\delta v}{\delta x} = -L \frac{\delta i}{\delta t}$$

la solución para la corriente es

$$i = \sqrt{LC}\left[F_1\left(t - x\sqrt{LC}\right) - F_2\left(t + x\sqrt{LC}\right)\right]$$

siendo

$$\sqrt{\frac{C}{L}} = \frac{1}{Z_0}$$

En términos físicos, si se inyecta una tensión en la línea (fig. 1-1) fluirá una corriente i y si se consideran ciertas condiciones establecidas sobre la longitud dx, el flujo establecido entre los conductores de ida y vuelta es igual a $i L\ dx$, donde L es la inductancia por unidad de longitud. La fuerza contraelectromotriz inducida es

$$-\frac{d\phi}{dt}$$

es decir

$$-L\frac{di}{dt}$$

o sea $-iLU$, siendo U la velocidad de la onda. La tensión aplicada v debe ser igual a iLU.

También se almacena carga en la capacidad que existe en dx, es decir,

$$Q = i\ dt = v C\ dx$$

e

$$i = vCU$$

De aquí que

$$vi = viLCU^2$$

y

$$U = \frac{1}{\sqrt{LC}}$$

Además

$$i = v\sqrt{\frac{C}{L}} = \frac{v}{Z_0}$$

en donde Z_0 es la impedancia característica. En el caso de línea aéreas trifásica de un solo circuito (conductores no agrupados) Z_0 esta comprendida en el orden de 400 a 600 Ω. La velocidad de propagación U en el caso de líneas aéreas es de 3×10^8 m/s, es decir la velocidad de la luz y en el caso de cables

$$U = \frac{3x10^8}{\sqrt{\dfrac{\varepsilon_r}{\mu_r}}} \left[\frac{m}{s} \right]$$

en donde ε_1 varia normalmente entre 3 y 3,5 y $\mu_r = 1$

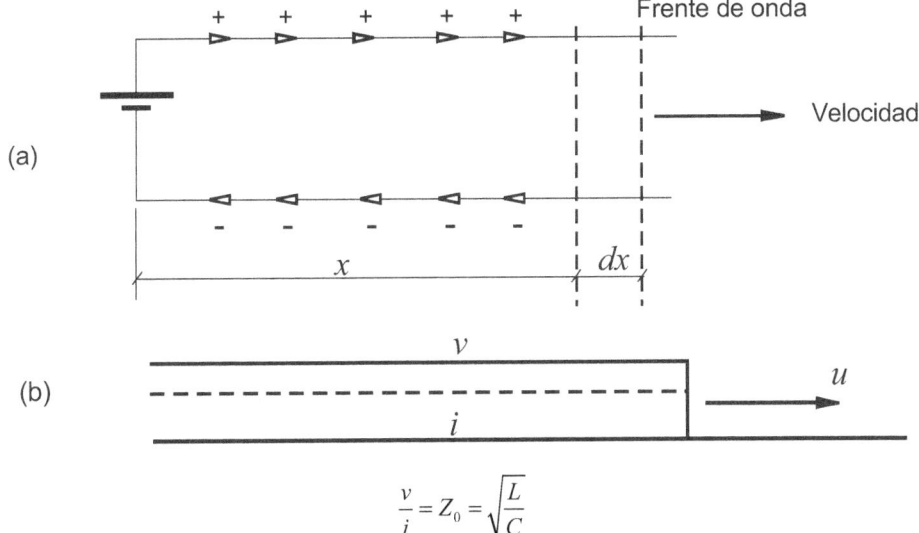

Figura 1.1. Distribución de la carga y de la corriente cuando la onda progresa a los largo de una línea no conectada previamente. (a) Disposición física. (b) Representación simbólica.

A partir de las soluciones anteriores

$$\frac{1}{2}Li^2 = \frac{1}{2}(iLU)\left(\frac{i}{U}\right) = \frac{1}{2}\left(\frac{vi}{U}\right) = \frac{1}{2}Cv^2$$

Las ondas progresivas incidentes de v_i e i_i cuando llegan a una unión o discontinuidad producen una corriente reflejada i_r y una tensión reflejada v_r que se mueven en sentido contrario a los largo de la línea. Los componentes incidente y reflejado de la tensión y de la corriente están ligados a la impedancia característica Z_0 de manera que

$$v_i = Z_0\, i_i \qquad v_r = Z_0\, i_r$$

En el caso más general de una línea de impedancia característica Z_0 frente a la sobretensión, terminada en la impedancia Z, la tensión total en Z es

$$v = v_i + v_r$$

y la corriente total es

$$i = i_i + i_r$$

Además

$$\left(v_i + v_r\right) = Z\left(i_r + i_i\right)$$

$$Z_0\left(i_i + i_r\right) = Z\left(i_r + i_i\right)$$

$$i_r = \left(\frac{Z_0 - Z}{Z_0 + Z}\right)i_i$$

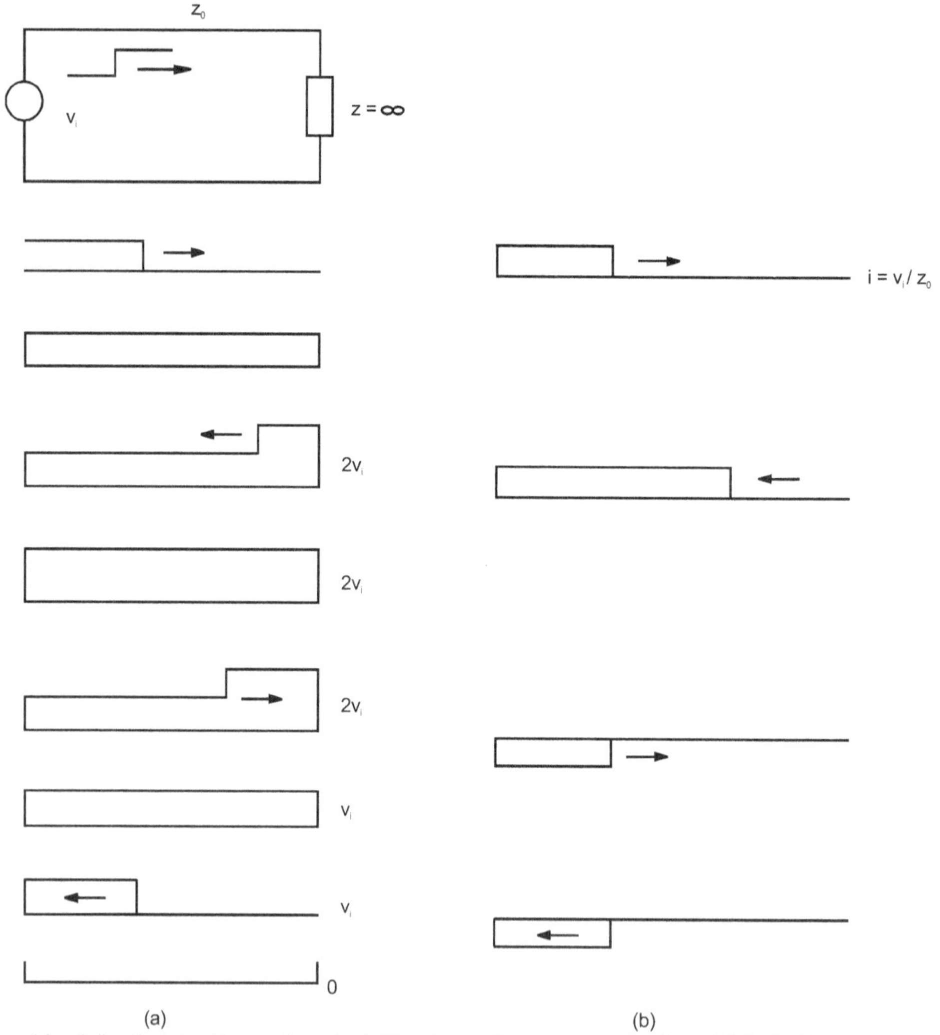

(a)   (b)

Figura 1.2.   Aplicación de tensión a una línea sin pérdida y sin conexión previa en circuito abierto. (a) Distribución de tensiones. (b) Distribución de corriente. La fuente de tensión es un cortocircuito efectivo.

Luego

$$v_i + v_r = Z\left(i_i + i_r\right) = Z\left(\frac{v_i - v_r}{Z_0}\right)$$

o sea

$$v_r = \left(\frac{Z - Z_0}{Z + Z_0}\right) v_i = \alpha v_i$$

donde α = *coeficiente de reflexión.*

de aquí

$$v = \left(\frac{2Z}{Z + Z_0}\right) v_i$$

$$i = \left(\frac{2Z_0}{Z + Z_0}\right) i_i$$

A partir de lo dicho anteriormente, si $Z \to \infty$; $v = 2v_r$ e $i = 0$.

Si $Z = Z_0$, $\alpha = 0$, es decir no hay reflexión. Para $Z > Z_0$, v_r es positivo e i_r es negativo y si $Z < Z_0$, v_r es negativa e i_r es positiva.

Las ondas reflejadas se mueven hacia adelante y hacia atrás en la línea produciéndose ondas adicionales reflejadas en los extremos y continuando este proceso de modo indefinido, a no ser que la onda se *atenúe* debido a la *resistencia* y al *efecto corona*. Resumiendo, en *circuito abierto la tensión reflejada es igual a la tensión incidente* y esta onda junto con la onda de corriente (-i_i) viaja en sentido contrario a lo largo de la línea. Observesé que en circuito abierto la corriente total es cero.

Inversamente *en cortocircuito la onda de tensión reflejada vale* (-v_i) y la corriente reflejada (i_i) dando una tensión total en el cortocircuito igual a cero y una corriente igual 2 i_i.

Para otras disposiciones de los terminales puede aplicarse el teorema de Thévenin para analizar el circuito, figura 1-3.

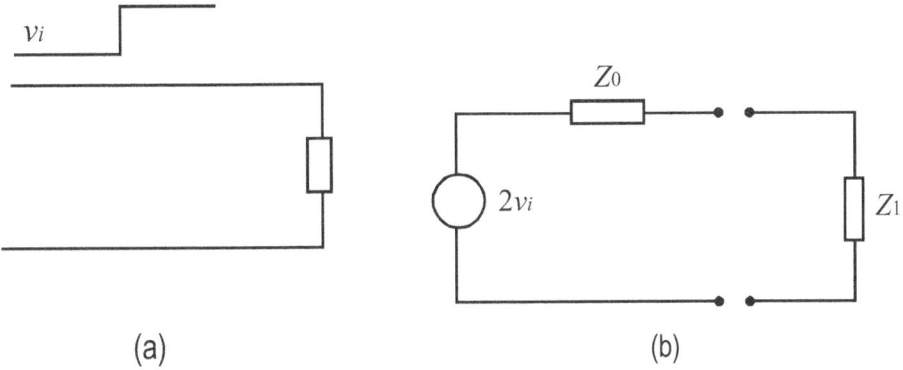

(a)   (b)

Figura 1.3. Análisis de ondas progresivas empleando el circuito de Thévenin equivalente. (a) Sistemas. (b) Circuito equivalente.

La tensión a través de los terminales cuando está en circuito abierto resulta ser $2\,V_i$ y la impedancia equivalente mirando la línea desde el terminal en el circuito abierto es Z_0. Los terminales se conectan luego a través de los terminales del circuito de Thévenin equivalente considerando dos líneas, de diferentes impedancias a las sobretensiones, en serie. Se pide determinar la tensión en la unión entre ambas. Figuras 1.4.

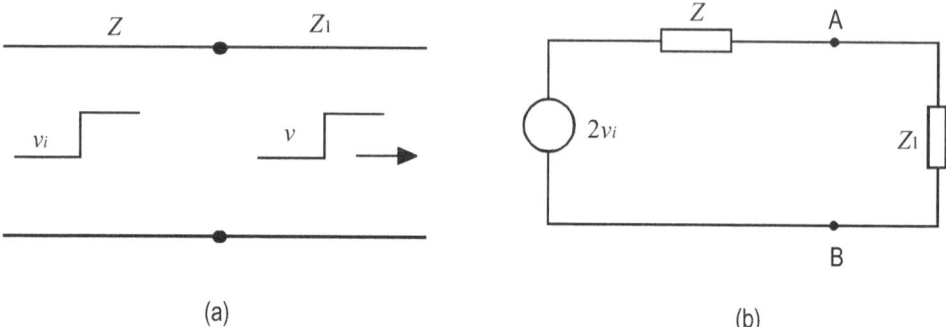

(a)   (b)

Figura 1.4. Análisis de las condiciones en la unión de dos líneas o cables de diferentes impedancias a las sobretensiones transitorias.

$$v_{AB} = \left(\frac{2v_i}{Z + Z_1}\right)Z_1 = \beta v_i$$

La onda que entra por la línea Z_1 es la onda refractada y β es el coeficiente de refracción, es decir la proporción de la tensión incidente que continua a los largo de la línea Z_1.

$$v_r = v_i\alpha = v_i\left(\frac{Z_1 - Z}{Z_1 + Z}\right)$$

$$i = \frac{v_{AB}}{Z_1} = \frac{2v_1}{Z_1 + Z} = \text{corriente refractada}$$

Cuando se unen varias líneas a la línea en que se origina la sobretensión, el tratamiento es semejante. Figura 1.5. Por ejemplo, si las líneas tienen las mismas impedancias características (Z_1) entonces.

$$i_A = \frac{2v_i}{\left(Z + \dfrac{Z_1}{3}\right)}$$

$$v_{AB} = \frac{2v_i}{\left(Z + \dfrac{Z_1}{3}\right)}\left(\frac{Z_1}{3}\right)$$

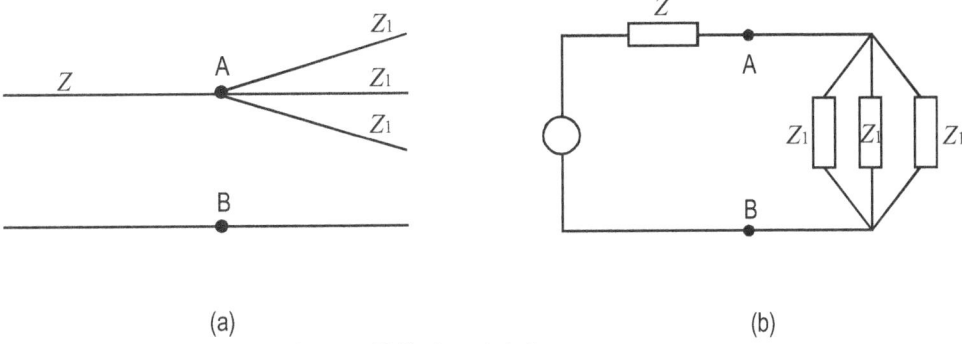

(a)   (b)

Figura 1.5.   Unión de varias líneas. (a) Sistemas. (b) Circuito equivalente.

Un caso práctico importante es el de la supresión de una avería en la unión de dos líneas y la sobretensión producida. Los circuitos equivalentes se indican en la figura 1.6.

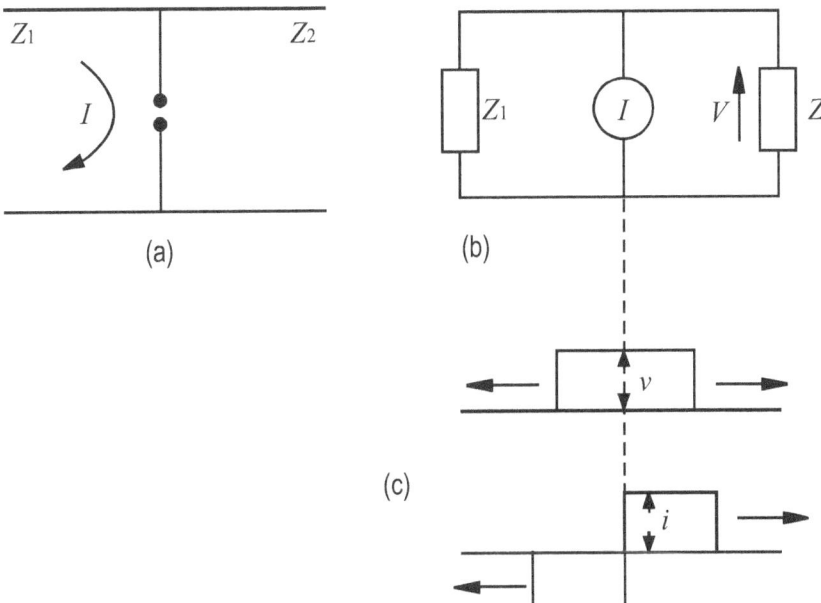

Figura 1.6.   Sobretensión establecida por supresión de una avería. (a) Corriente igual y opuesta (I) inyectada de la avería. (b) Circuito equivalente. (c) Ondas de tensión y corrientes establecidas en el punto de avería con el sentido de su progresión.

La avería se simula por la inserción de una corriente igual y opuesta (I) en el punto de avería. A partir del circuito equivalente, el valor de la sobretensión resultante es

$$v = I\left(\frac{Z_1 Z_2}{Z_1 + Z_2} \right)$$

Las corrientes que entran y salen son

$$i_e = I\left(\frac{Z_1}{Z_1 + Z_2}\right)$$

$$i_s = I\left(\frac{Z_2}{Z_1 + Z_2}\right)$$

1.5. Terminaciones con Inductancia y Capacidad.

1.5.1. Capacidad en Shunt.

Utilizando el circuito equivalente de Thévenin como se ve en la figura 1-7, la elevación de tensión a través del capacitor C, es

$$v_C = 2v_1\left(1 - e^{-\frac{t}{Z_0 C}}\right)$$

donde t es el tiempo cuyo origen es la llegada de la onda, la corriente a través de C viene dado por.

$$i_C = \left(2\frac{v_1}{Z_0}\right)e^{-\frac{t}{Z_0 C}}$$

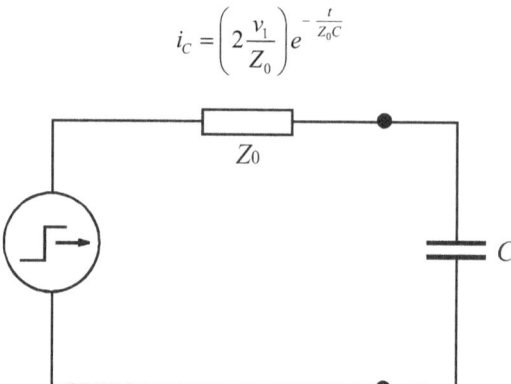

Figura 1.7. Terminación de línea (impedancia de sobretensión Z_0) en un capacitor (C).

La onda reflejada

$$v_r = v_C - v_i = 2v_i\left(1 - e^{-\frac{t}{Z_0 C}}\right) - v_i = v_i\left(1 - 2e^{-\frac{t}{Z_0 C}}\right)$$

Como era de esperar, el capacitor actúa inicialmente como un cortocircuito y finalmente como un circuito abierto.

1.5.2. Inductancia en Shunt

A partir de un circuito equivalente la tensión a través de la inductancia es

$$v_i = 2v_i e^{-\left(\frac{Z_0}{L}\right)t}$$

$$v_r = v_L - v_i = v_i\left(2e^{-\left(\frac{Z_0}{L}\right)t} - 1\right)$$

En este caso la inductancia actúa inicialmente como circuito abierto, finalmente como cortocircuito.

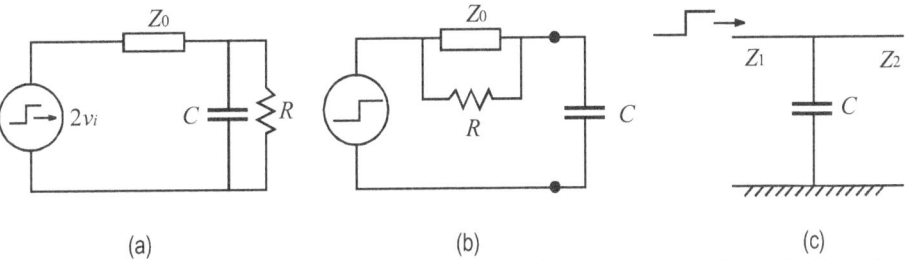

(a)   (b)   (c)

Figura 1.8.   Impedancia de sobretensión Z_1 y Z_2 de dos líneas conectadas a tierra en su punto de unión a través del capacitor C. (a) y (b) Circuitos equivalentes. (c) Diagrama de línea.

1.5.3. Capacidad y resistencia en paralelo

La tensión de circuito abierto a través de AB (figura 1-8 b) es

$$v_{AB} = \left(\frac{2v_i}{Z_0 + R}\right)R$$

La resistencia de Thévenin equivalente es

$$R_T = \frac{RZ_0}{R + Z_0}$$

La tensión a través de R y C es

$$v = \frac{2v_i}{Z_0 + R}\left(1 - e^{-\left(\frac{R+Z_0}{RZ_0C}\right)t}\right)$$

Esta es la solución al sistema práctico indicado en la figura 1.8.c en donde se utiliza C para modificar la sobretensión. La onda reflejada viene dada por

$$v_r = (v - v_i)$$

1.6. Determinación de las Tensiones en el Sistema Producidas por Sobretensiones Progresivas.

El cálculo de las tensiones que aparecen en cualquier nudo o barra de distribución de un sistema en un momento dado es mucho mas complejo de lo que pueda sugerir la sección anterior. Cuando cualquier sobretensión llega a una discontinuidad, sus ondas reflejadas regresan en sentido contrario y son a su vez reflejadas, de modo que cada generación de onda establece ondas adicionales que coexisten con las anteriores en el sistema.

Para describir exactamente lo que ocurre en cualquier nudo es necesario un complicado ejercicio de cálculo, aunque se dispone y se utilizan muchas técnicas matemáticas y métodos gráficos.

1.6.1. Diagrama Reticular de Bewley.

Este método gráfico para determinar las tensiones en cualquier punto de un sistema de transporte es un medio eficaz de aclarar las reflexiones múltiples que tienen lugar. Se establecen dos ejes, uno horizontal graduado en distancia a lo largo del sistema y otro vertical graduado en tiempo. Se dibujan líneas que indican el paso de la sobretensión de modo que sus pendientes den el tiempo correspondientes a la distancia recorrida. En cada punto de cambio de impedancia se obtienen las ondas reflejadas y transmitidas multiplicando el valor de la onda por los coeficientes de reflexión y de refracción α y β.

El método se ilustra mejor mediante un ejemplo y se considera un sistema libre de pérdidas que corresponde a una línea aérea muy larga (Z_1) en serie con un cable (Z_2). Figura 1.9.

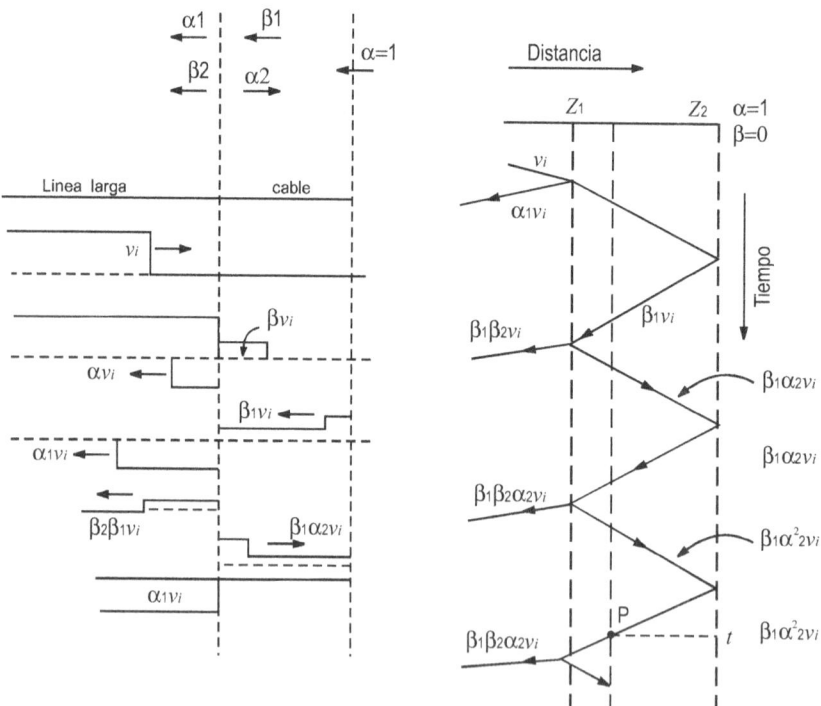

Figura 1.9.   Diagrama reticular de Bewley: análisis de una línea aérea larga y un cable (a). Posición de la sobretensión transitoria en diversos momentos durante.

Si la línea es larga se desprecian las reflexiones en sus extremos mas alejados. Se considera que el extremo mas alejado del cable esta abierto, dando un valor de $\alpha = 1$ y $\beta = 0$.

Cuando la onda incidente v_i que se origina en la línea alcanza la unión aparece una componente reflejada que regresa a lo largo de la línea ($\alpha_1 v_i$) mientras que la onda refractada o transmitida ($\beta_1 v_i$) se mueven a lo largo del cable y se ve reflejada en el extremo en circuito abierto volviendo hacia la unión anterior ($1 \times \beta_1 v_i$). Esta onda produce entonces una onda reflejada que regresa a través del cable ($1 \times \beta_1 v_i$) y una onda transmitida ($1 \times \beta_2 \beta_1 \alpha_1$) que recorre la línea. El proceso continua y las ondas se multiplican como se indica en la figura 1.9 (b).

La tensión total en un punto **P** del cable en un instante (t) será la suma de las tensiones en **P** durante el tiempo hasta t_i es decir

$$v_1 \beta_1 \left(2 + 2\alpha_0 + 2\alpha_2^2 \right)$$

y la tensión en un tiempo infinito será

$$2 v_1 \beta_1 \left(1 + \alpha_0 + \alpha_2^2 + \alpha_2^4 + \cdots \right)$$

De modo semejante se obtienen las tensiones en otros puntos. La escala de tiempo puede determinarse a partir del conocimiento de la longitud de la línea y de la velocidad de la onda de sobretensión, siendo para la línea ordinaria esta ultima del orden de 300 m por μs y en el caso de un cable de 150 m/μs.

1.6.2. Influencia de las perdidas de la líneas.

La atenuación de las ondas progresivas se produce fundamentalmente por el efecto corona, que reduce considerablemente la pendiente de los frentes de onda cuando éstos se mueven a lo largo de la línea. También se produce atenuación debido a la resistencia en serie y a la resistencia de pérdidas y estas magnitudes son considerablemente mayores que los valores de frecuencia-potencia. La determinación de la atenuación es normalmente empírica y se hace uso de la expresión

$$v_x = v_i e^{-\gamma x}$$

donde v_x es el valor de la sobretensión a una distancia x del punto en que se originó. Si se asegura un valor a γ, entonces la magnitud de la onda de sobretensión pudo modificarse para inducir la atenuación en diversas posiciones del diagrama reticular.

Considerando la potencia y las pérdidas en una longitud d_x de una línea de resistencia y conductancia Shunt por unidad de longitud $R(\Omega)$ y $G(S)$ respectivamente, la pérdida de potencia

$$dp = i^2 R dx + v^2 \theta dx \quad [W]$$

$$p = vi = i^2 Z_0$$

y

$$dp = 2i Z_0 di$$

Como d_p es una pérdida debe considerarse negativa y

$$-2iZ_0 di = \left(i^2 R + v^2 G\right) dx$$

luego

$$\frac{di}{i} = -ie^{-\frac{1}{2}}\left(\frac{R}{Z_0} + GZ_0\right) dx$$

lo que da

$$i = i_i e^{-\frac{1}{2}}\left(\frac{R}{Z_0} + GZ_0\right) dx$$

donde i_i es la amplitud de la sobretensión (A).

También puede demostrarse que

$$v = v_i e^{-\frac{1}{2}}\left(\frac{R}{Z_0} + GZ_0\right) x$$

La potencia en x

$$v_i i_i = vi = v_i i_i e^{-\left(\frac{R}{Z_0} + GZ_0\right) x}$$

Si se tiene confianza real en los valores de R y G, incluyendo el efecto corona, puede admitirse la atenuación en el análisis de la onda progresiva.

1.7. Sobretensiones de Origen Externo.

Los factores que pueden generar sobretensiones de origen externo son

    a) Inducción electrostática.
    b) Carga progresiva de las conductores por razonamiento del aire circundante.
    c) Cargas producidas por cortar diferentes *superficies de nivel* eléctrico.
    d) Descarga directa o rayo.
    e) Inducción producida por descargas eléctricas cercanas.

1.7.1. Inducción electrostática

Un conductor cargado eléctricamente induce en otro conductor ubicando en las proximidades cargas eléctricas de signo opuesto. Así una nube cargada positivamente que se aproxima a la línea eléctrica, induce en esta última carga de signo opuesto, en este caso de signo negativo.

Estas cargas no producen sobretensiones ya que las nubes se acercan lentamente a la línea y las cargas eléctricas sobre la línea se derivan a tierra a través de los transformadores de tensión conectados a tierra, de la bobina de contacto a tierra, etc.

La caída de un rayo entre una nube y otra con cargas opuestas o entre la misma nube y la tierra, hace que las cargas de la línea queden libres, ya que no son atraídas por la nube. Aparecen así sobre la línea sobretensiones proporcionales a las cargas que se propagan en forma de ondas viajeras a la velocidad de la luz.

1.7.2. Carga progresiva de los conductores por rozamiento del aire circundante

Las partículas cargadas del aire comunican sus cargas por rozamiento a los conductores y la cantidad de electricidad aportada es proporcional a la longitud de la línea. La tensión resulta tanto mayor cuanto mejor aislados están los conductores.

Las sobretensiones que se generan son muy parecidas a las provocadas por inducción electrostática.

1.7.3. Cargas producidas por cortar diferentes superficies de nivel eléctrico

La tierra puede ser considerada como un cuerpo cargado y por lo tanto emite líneas de campo que terminan en la nube de potencial opuesto o se establecen indefinidamente. Las superficies perpendiculares a esta líneas de campo que tienen todos sus puntos al mismo potencial son las superficies equipotenciales o superficies de nivel. Cuando un conductor atraviesa una de esas superficies, se inducen en el mismo cargas eléctricas.

Estas curvas de sobretensiones adquieren importancia cuando los conductores pasan por cumbres o montañas, debido a que en estos lugares las superficies equipotenciales están muy próximas pudiendo existir tensiones a tierra de hasta 10 KV.

1.7.4. Descarga Directa

Se denomina descarga directa o rayo a la que se produce entre nube y nube o entre nube y tierra. Se caracteriza por las elevadas tensiones puestas en acción, por su elevada corriente y su muy corta duración.

El origen de la descarga no está bien definido debido a la rapidez del fenómeno, sin embargo se puede hacer un resumen de las diversas teorías sobre la materia.

Las diversas teorías existentes justifican la aparición entre la parte inferior de las nubes de tormenta, de centros importantes de concentración de cargas imponiendo las características de campo eléctrico nube tierra y produciendo la correspondiente concentración de cargas de signo opuesto en la superficie de la tierra.

A medida que se intensifica esta separación de cargas aumenta la diferencia de potencial entre la superficie de la tierra y el centro cargado de la nube. El gradiente medio en las proximidades de la tierra rara vez supera el valor de 100 V/cm. En cambio en la nube puede alcanzar valores del orden de 10 KV/cm.

También puede alcanzar valores elevados en la tierra si la medición se efectúa en presencia de nubes de tormenta, en lugares muy prominentes con elevaciones apreciables respecto a otras circundantes. Esta elevada intensidad de campo eléctrico originado por el alto grado de acumulación en el entorno espacial de un punto, es motivo de que el fenómeno de descarga tenga comienzo allí, donde el dieléctrico, el aire en este caso, se encuentra mas exigido. En general la iniciación del rayo tiene lugar en la nube, a menos que existan estructuras muy elevadas terminada en punta.

El proceso se inicia en su zona espacial, geométricamente asimilable a una esfera, donde la densidad de cargas interiores provocan efluvios de efecto corona.

Se designa con el nombre de *cabeza de guía* a este entorno espacial del punto de acumulación de cargas.

Esta comprobado por numerosas experiencias de diferentes investigadores que la descarga de rayo se compone inicialmente de un camino ionizado, al avanzar la *cabeza de guía*, llamado *trazado piloto*, seguido de descargas a través del mismo que alimentan constantemente la concentración en la *cabeza de guía*, dando lugar al comienzo de descargas ascendentes desde esos mismos puntos.

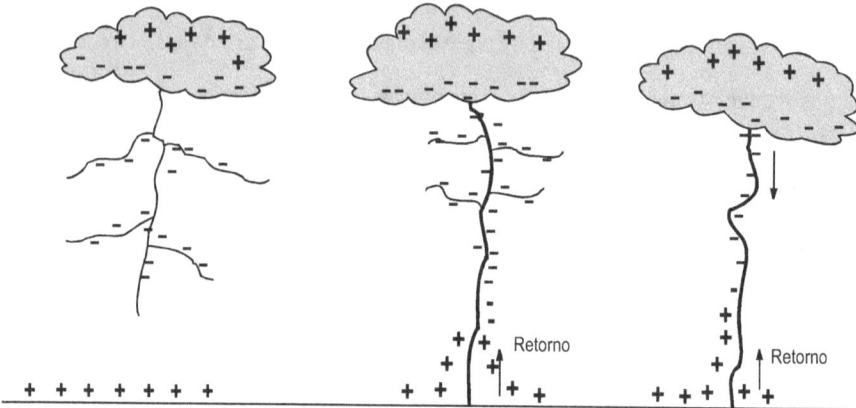

Figura 1.10. Generación de un rayo.

Se produce finalmente la ruptura del dieléctrico entre la descarga guía y una o varias descargas ascendentes ocasionando primeramente la neutralización de las cargas y luego la propagación rápida del fenómeno de neutralización a lo largo del camino ionizado por las mismas. La activación de este proceso se evidencia mediante una fuerte luminosidad que progresa de tierra a nube constituyendo lo que se denomina descarga de retorno. Figura 1.10.

Mediante un análisis de registro se ha podido determinar que la descarga realiza el sustancial pasaje de cargas eléctricas en un corto tiempo. La imagen grabada muestra un registro mucho mas nítido para descarga de retorno que para la descarga guía.

Se han podido determinar también las velocidades de propagación medidas en estas dos fases del rayo, atribuyéndose a la descarga de guía una velocidad del orden de 150.000 m/s mientras que la descarga de retorno es del orden de cien veces mayor.

Ocurre frecuentemente que al llegar la carga neutralizante procedente de la tierra, se produce un desequilibrio interno que origina la descarga de otra zona de concentración de la nube y a través de la misma, y a tierra, siguiendo el camino todavía ionizado por la reciente descarga de retorno.

Estas nuevas descargas de nube a tierra se denominan *dardo de guía* y se propagan a velocidades del orden de diez veces la velocidad de descarga que inició el proceso. Cada *dardo de guía* es seguido por su correspondiente *descarga de retorno*.

El gradiente de campo eléctrico entre nube y tierra asume valores realmente importantes en las proximidades de la cabeza de guía.

Los efectos sensibles sobre las instalaciones de transmisión de energía pueden localizarse en los siguientes punto del sistema.

a) Descarga directa sobre los conductores de fase.
b) Descarga directa sobre los cables de guardia o de torres.
c) Descarga directa a tierra en puntos muy próximos a las instalaciones.

En el caso (a) y en el momento que la cabeza de guía alcanza el conductor de la línea se produce la descarga con un drástico cambio de estado de cargas preexistentes y el consiguiente cambio del campo eléctrico circundante y, la iniciación de ondas viajeras que se propagan por los conductores alcanzados a ambos lados de la línea.

En alta tensión, la mayoría de estas ondas dan origen a *arcos de contorneo* en cadenas de aisladores resultando por los menos una falla fase-tierra.

En el caso (b) se ocasiona un fenómeno análogo que encuentra más o menos fácil disipación por tierra, según la eficacia de la puesta a tierra a través del cable de guardia. Lo más importante desde el punto de vista de las instalaciones de energía es la modificación drástica del campo eléctrico entre cable de guardia y conductores de línea que originará desplazamientos de cargas y consiguientes ondas viajera de corriente y de tensión. A veces la amplitud y duración de la perturbación del campo eléctrico en la zona de la cadena de aisladores es tal que se produce un *arco de contorneo* llamado *"descarga inversa"* para remarcar que la parte de mayor tensión en valor absoluto con respecto al potencial normal de tierra está en el soporte de la cadena de aisladores y no en el conductor de la línea. Estas descargas deben ser objeto de atención porque significa una falla fase-tierra que es necesario evitar.

En el caso (c) se producen efectos inducidos debido a acoplamientos electrostáticos y electromagnéticos, siendo los primeros los más importantes.

Antes de la descarga se establece un campo entre nube y tierra. La línea próxima se carga con signo opuesto al de la nube. Cuando se produce la descarga nube-tierra, esta carga eléctrica inicial de la nube llamada de *"borde"* es liberada al producirse una brusca modificación del campo eléctrico establecido antes, y se transforma en onda viajera de sobretensiones y sobrecorrientes. El campo eléctrico que antes se estableció entre línea y nube, es reemplazado bruscamente por un campo eléctrico entre nube y tierra.

1.7.5. Configuración

Las ondas de sobretensiones de rayo se caracterizan por su forma de onda con un frente muy escarpado, por su valor de cresta muy apreciable y por una cola de menor pendiente y por lo tanto de mayor duración. Figura 1.11.

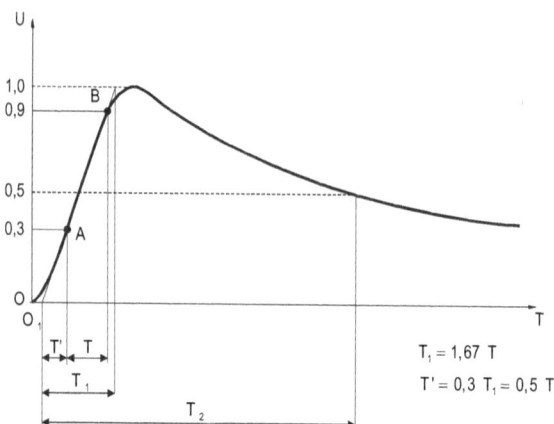

Figura 1.11. Forma de onda de la sobretensión de rayo.

La forma de onda se define en función de los tiempos T_1 y T_2 en microsegundos, donde T_1 es el tiempo que transcurre entre el inicio y el pico de la onda y T_2 el tiempo total desde el inicio hasta el momento en que la tensión ha caído el 50% de su valor máximo.

1.7.6. Características de la descarga de rayo

Desde el año 1920 un gran número de investigaciones se orientaron a determinar las características de las descargas atmosféricas que afectan las líneas de transmisión, sin embargo en la actualidad no se cuenta con una información completa sobre el tema.

El oscilograma de corriente de rayo muestra una parte inicial de alta corriente, caracterizada por un frente de corta duración, del orden de 10 μs, y cóncava hacia arriba. El inicio de alta corriente de diez microsegundos es seguido de una porción de bajas corrientes con una cola de larga duración, del orden de cien milisegundos, que es la responsable del deterioro térmico denominada "**descarga térmica**". Un oscilograma típico es el mostrado en la figura 1.12. Las corrientes de rayo son medidas directamente sobre las altas torres o postes de hormigón, lo cual no son las reales típicas líneas de transmisión o sobre las cuatro esquinas de las torres de transmisión lo cual es inexacto debido a la desigual distribución de la corriente en las pistas y a la presencia del cable de tierra contiguo a la torre.

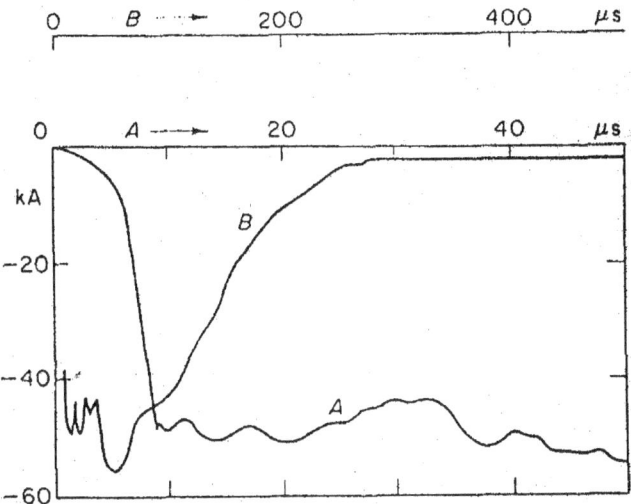

Figura 1.12. Oscilograma típico de la corriente de descarga.

Basado en los resultados de muchas investigaciones, el comité de AIEE ha producido la distribución de frecuencia de las magnitudes de las descargas mostrado en la figura 1.13 la curva 1 es extensivamente aceptada para el cálculo de performances. La curva 2 propuesta por Anderson es mas pesimista. Es interesante observar la curva 3 propuesta por el comité de la Conferencia Internacional de Grandes Redes Eléctricas (CIGRE) donde establece que la probabilidad de grandes corrientes de descarga es mucho mayor que la indicada en cualquiera de las curvas.

Es posible mostrar teóricamente que grandes objetos atraen en alta proporción las altas corrientes de descarga y esto pretende explicar la modificación de la curva de distribución de frecuencia hacia las altas corrientes.

Otra importante característica es el tiempo de cresta de la forma de onda de corriente. La figura 1.14 reproduce las curvas de probabilidad de distribución de las fuentes razonablemente consistentes. Es evidente que las muy altas corrientes de descarga no coinciden con el muy corto tiempo de cresta. Datos confiables indican que el 50% de las descargas tienen una pendiente de crecimiento que excede los 7,5 kA/μs y el 10% excede los 25 kA/μs. La duración media de la corriente de descarga o valor medio es de 30 μs y el 18% tiene un largo tiempo medio de 50 μs.

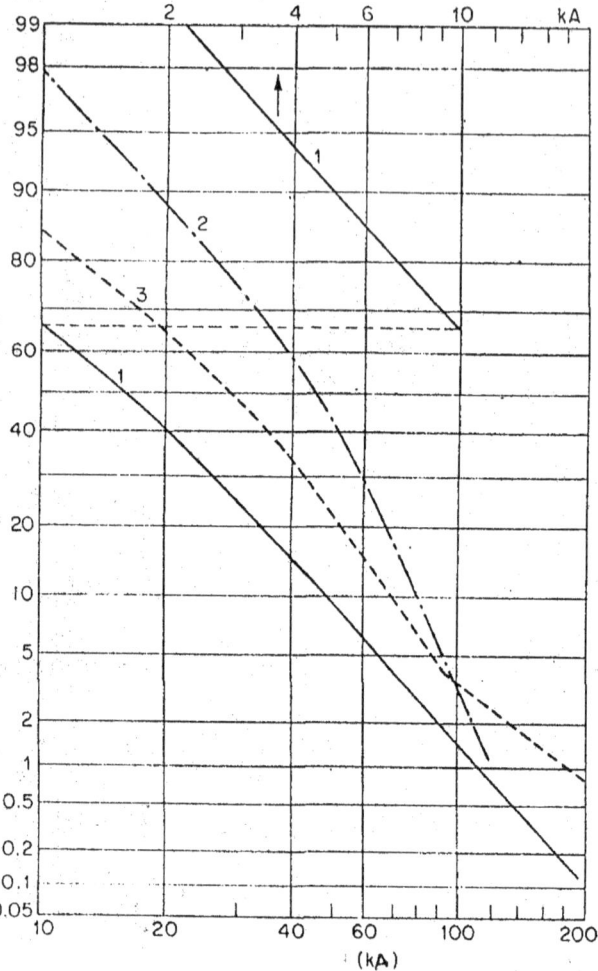

Figura 1.13. Distribución acumulativa de la corriente de descarga. 1. Según Comité de la AIEE. 2. Según Anderson. 3. Según Po-polonsky, Electra, (CIGRE).

El riesgo de descarga de rayo de una instalación eléctrica está necesariamente relacionado con el grado de actividad tormentosa. El único indicador realmente confiable de los servicios meteorológicos nacionales del mundo y de la Organización Meteorológica Mundial con sede Génova es el nivel isoceráunico o de días de descarga (TD), definido como el número de días en que se registran descargas en una localidad en particular.

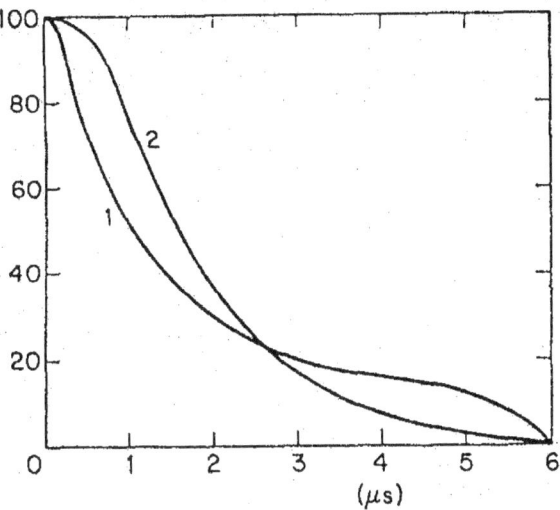

Figura 1.14. Tiempo de cresta de la corriente de descarga. 1. Según McEarchan AIEE Trans. 60. 2. Según Anderson.

Mediciones poco consistentes desde el punto de vista de la ingeniería de transmisión, no hacen distinción entre descarga a tierra y descarga entre nubes y no reconocen las variaciones de intensidad y duración de las tormentas. Una medición mejor es la de horas de tormentas pero la medición mas apropiada es la de densidad de descarga a tierra (Ng). Con el propósito de obtener la suficiente información estadística de Ng se han desarrollado contadores de descargas de rayo. Como en las proximidades estos contadores responden tanto a la descargas a tierra como a las descargas entre nubes son calibrados para descargas a tierra en cada región por medios ópticos y otros sistemas de observación. Hasta que se obtengan más datos confiables por este sistema a uno similar la intensidad estimada de rayos continua basada en nivel de días de tormenta.

Una fórmula empírica e imprecisa para la densidad de descargas a tierra es la siguiente

$$Ng = (0,1 - 0,2)(T_D) \text{ descargas/km}^2\text{año}$$

Resultados mas apropiados se obtienen por medio del registro continuo.

1.8. Sobretensiones Temporarias.

Las características más importantes de las sobretensiones temporarias son su naturaleza oscilatoria, duración prolongada y forma de onda poco amortiguada. Aparecen generalmente en regímenes de bajo consumo y particularmente durante la alimentación unilateral del sistema. Son periódicas a frecuencia de servicio, frecuencias mayores o menores. Su duración oscila entre 0,03 segundos y un segundo.

1.8.1. Sobretensiones Temporarias a Frecuencias Industrial.

a) Efecto Ferranti.

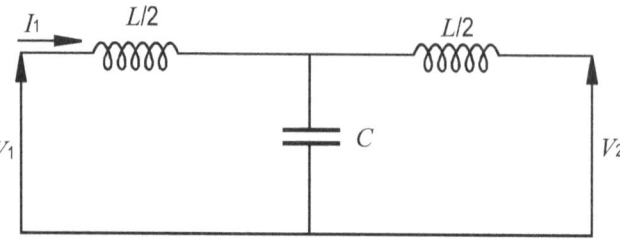

Figura 1.15.

Recordando la expresión

$$\frac{v_2}{v_1} = \frac{1}{\cos\beta\ell}$$

donde v_2 es la tensión en el extremo de recepción a circuito abierto y β el ángulo de fase constante, del orden de 6°/100km a 50Hz, se observa que la tensión en el extremo de recepción aumenta a medida que crece la longitud de a línea, figura 1.16.

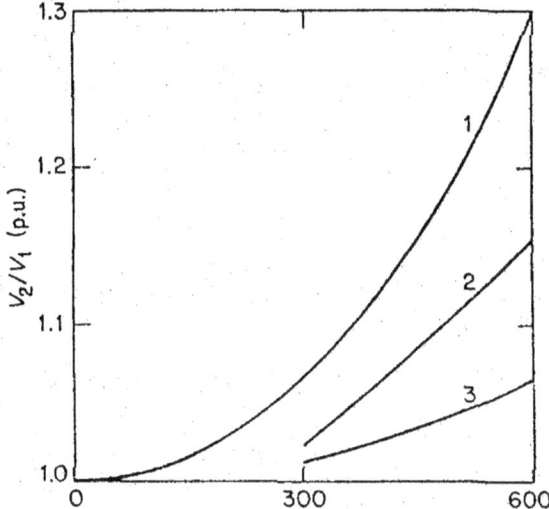

Figura 1.16. Efecto Ferranti. (1) Sin compensación. (2) 50% compensada con capacitores serie. (3) 50% con capacitores serie y 70% con reactor shunt de Compensación.

Una expresión simplificada de la relación de tensiones puede obtenerse a partir del circuito equivalente de una línea ideal, figura 1.15.

$$I_1 = v_2 \, j\omega C\ell$$

$$v_1 = v_2 + I_1 j \frac{\omega L\ell}{2} = v_2 - v_2 \frac{\omega^2 LC}{2}$$

$$v_2 - v_1 = v_2 \frac{\omega^2 L C \ell^2}{2}$$

$$\frac{v_2 - v_1}{v_2} = \frac{\omega^2 L C \ell^2}{2}$$

La expresión simplificada muestra que la elevación relativa de tensión es proporcional al cuadrado de la longitud de la línea.

b) Desconexión de la carga en el extremo de Recepción

Cuando se abre el interruptor solo en el extremo de recepción de una línea larga se producen sobretensiones a la frecuencia de servicio independientemente del efecto Ferranti. Las causas son: el generador que, antes de la apertura, trabajaba con excitación correspondiente a la potencia entregada y la variación brusca de la carga, en algunos casos no es seguida con la misma velocidad por los reguladores de tensión de la máquina.

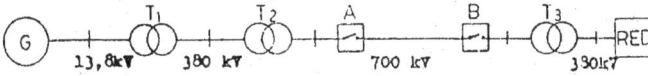

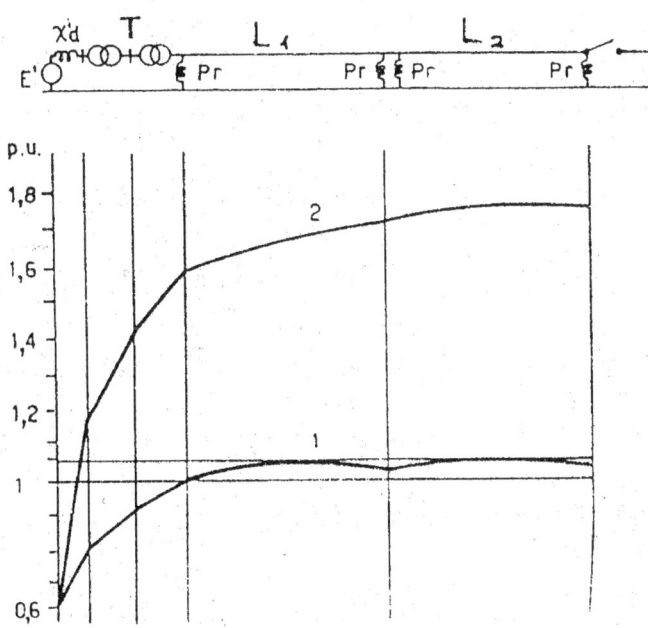

Figura 1.17.

A ello se le agrega el efecto magnetizante de la capacitancia de línea y un eventual aumento de la velocidad de pérdida de carga. En la figura 1.17 se muestra un ejemplo donde el efecto de sobretensión alcanza a 1,8.

c. Fallas a Tierra Monofásicas

El cálculo de las sobretensiones que pueden aparecer se realiza a partir de la expresión.

$$Icc = \frac{3E}{Z_1 + Z_2 + Z_0}$$

y aplicando las expresiones de las tensiones de fase sana, deducidas a partir de los componentes simétricas, figura 1.18.

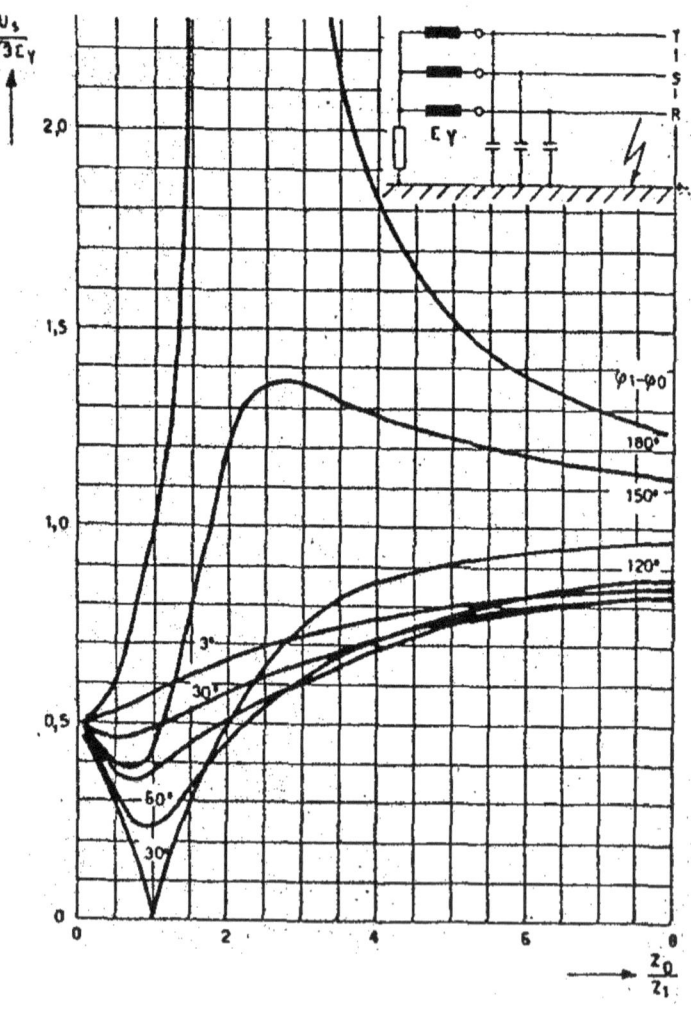

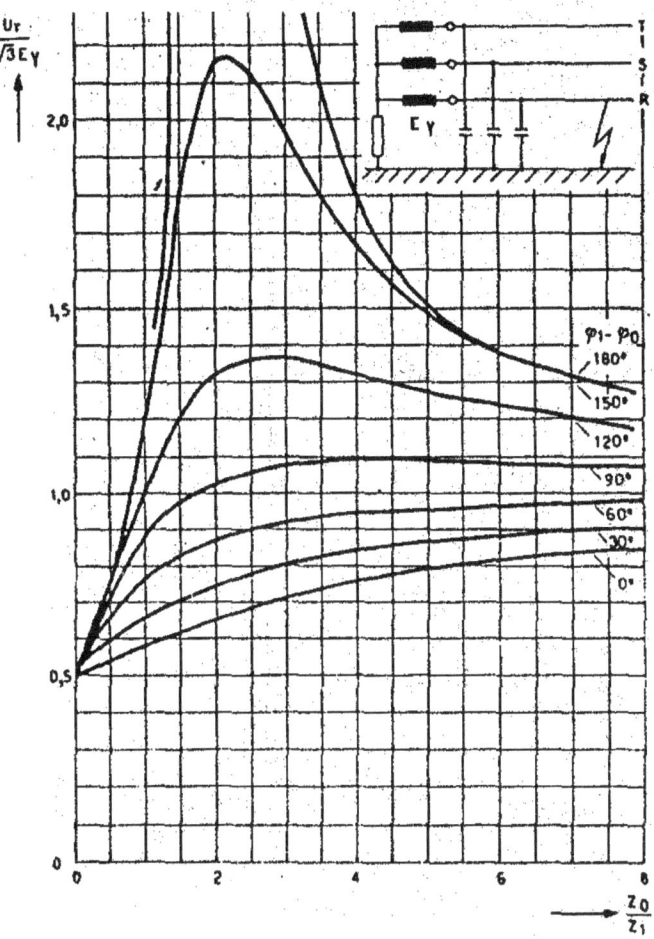

Figura 1.18.

La selección de las descargadores de sobretensión se basa en una cifra: el "**coeficiente de puesta a tierra**" que se define como la relación entre la tensión que aparece entre una fase sana y tierra, cuando otras registran fallas a tierra y la tensión compuesta en el mismo lugar.

Un sistema con coeficiente de puesta a tierra del valor 0,8 se denomina con "**neutro eficazmente puesta a tierra**" y para valores mayores de 0,8 se llama "**con neutro no eficazmente puesto a tierra**".

Si en un sistema se tiene

$$\frac{R_0}{x_1} < 1 \quad \text{y} \quad \frac{x_0}{x_1} < 3$$

el sistema se dice **con neutro eficazmente puesto a tierra.**

Hay una serie de curvas y gráficos en diversos textos y normas que permiten determinar el valor del coeficiente de puesta de tierra a partir de las mediciones de R_0, X_0, X_1.

Otras causas de sobretensiones temporarias a frecuencia de servicio son

d. Autoexitación de generadores.

Ferroresonancia en redes con neutro aislado.

1.8.2. Sobretensiones Temporarias a Frecuencia Superior a la Industrial.

En este caso se encuentran las oscilaciones forzadas a armónicas superiores, generalmente pares e impares. Si se provoca el cebado de los descargadores, la sobretensión se anula en el cebado y aparece luego de la extinción.

a. Resonancia estacionaria

Un circuito típico se muestra en la figura 1.18. La corriente inductiva que atraviesa la inductancia *Lm* contiene una frecuencia fundamental, y a causa del hierro, componentes superiores impares.

Si la frecuencia propia de la parte lineal de circuito.

$$f_0 = \frac{1}{2\pi\sqrt{(L_1 + L_2)C}}$$

es igual a alguna de las armónicas superiores, aparecen sobretensiones impares en distintos punto de la red.

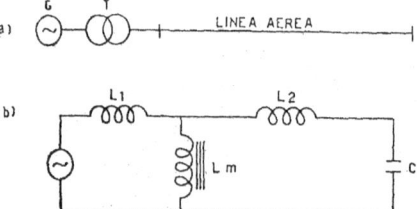

Figura 1.18.

También pueden aparecer armónicas pares a causa de la aplicación de una tensión senoidal a un circuito que contiene la inductancia de magnetización *Im* y la capacitancia de la red.

Recordemos para ello el fenómeno de la ferroresonancia con ayuda de la figura 1.19 y supongamos un circuito sencillo con parámetros concentrados donde están incluidos la inductancia y la capacitancia de la línea y los transformadores. La inductancia no será lineal sino que observará una curva correspondiente a la magnetización.

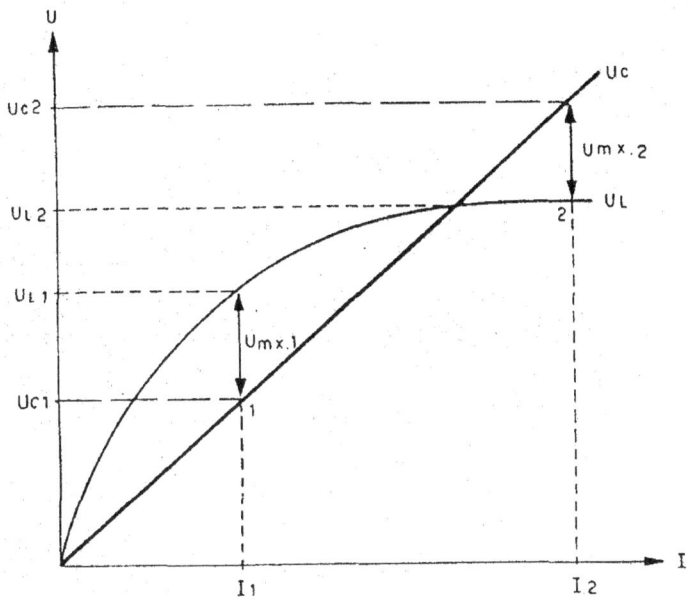

Figura 1.19.

Si U_C es mayor que U_L, U estará en fase con U_C. Si U_L fuera mayor que U_C se invierten las cosas y estarán en fase con U_L. Figura 1.20.

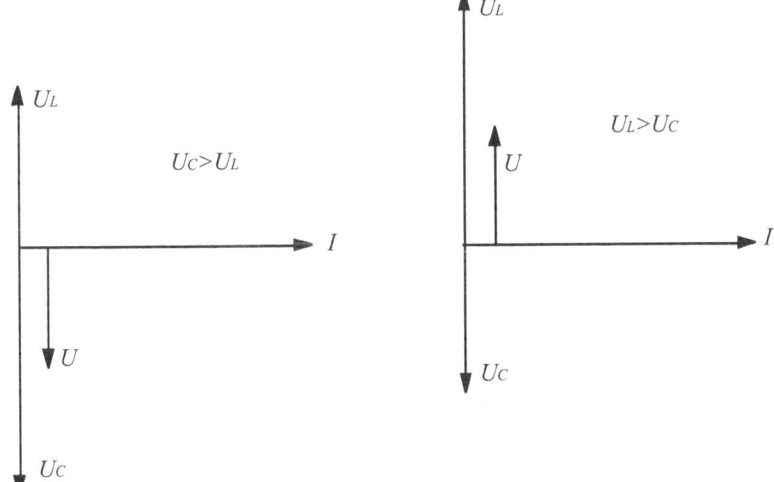

Figura 1.20.

La tensión va aumentando, pues se aplica una onda sinusoidal. U_L será mayor que U_C hasta un corto valor donde pasa a ser mayor U_C, por lo tanto el circuito pasó de características inductivas a capacitivas mediante un salto hasta el punto 2. Esto se produce cada medio ciclo dando lugar a oscilaciones. Se presentan mayormente en los casos donde hay transformadores débilmente cargados que alimentan tramos de cable armado o también líneas aéreas largas.

Esto exige tener apertura y cierre tripolar en estos sistemas y trabajar con sistemas cargados.

b. Resonancia Transitoria

Existen ciertos fenómenos que, pese a ser transitorios, presentan larga duración y débil amortiguamiento, por lo que se los considera "**sobretensiones temporarias**". Ellos son:

- Puesta bajo tensión de una línea con transformador en el extremo de recepción en vacío.

- Puesta bajo tensión de un grupo transformador-línea, abierta del lado de baja tensión del transformador.

- Eliminación de un defecto exterior a un block transformador-línea.

En todos los casos, la línea y el transformador son sometidos simultáneamente a la tensión de la fuente y el flujo de imanación contendrá, además de los componentes de 50Hz, una componente débilmente amortiguada.

1.8.3. Sobretensiones Temporarias a Frecuencia Menor que la Industrial.

Este tipo de sobretensiones nace solo luego de un proceso transitorio brusco acompañado de corrientes elevadas.

Por ejemplo, aparecen oscilaciones subarmónicas en líneas aéreas equipadas con capacitores, serie de compensación. La frecuencia es

$$\frac{n}{m}f$$

donde m y n son números enteros. En la práctica dos causas pueden tomarse como ejemplo. Estas son

- En líneas aéreas con compensación, si los capacitores permanecen conectados entre la fuente y los inductores derivación luego de la eliminación de la falla.

- Si queda conectado un transformador a una red de gran capacitancia (cables, líneas aéreas) luego de un defecto o maniobra irregular o regular se puede producir oscilaciones de ferro-resonancia.

El nombre de ferroresonancia es en sí una palabra bien conocida.

La idea de intercambio de energía entre un sistema y un inductor con núcleo de hierro aun se aplica, pero ahora la relación entre tensión y corriente depende de la amplitud y la frecuencia y las ondas no necesariamente son senoidales.

Un caso real se muestra en la figura 1.21a. Los componentes esenciales de un circuito ferroresonante son: *un inductor no lineal* y *una fuente de alimentación*. En el caso de la figura 1.21a el capacitor es la fuente de poder de capacitancia C a tierra, el inductor es el transformador, y la fuente de poder la capacitancia C_2 entre la línea. El circuito equivalente se muestra en la figura 1.21b.

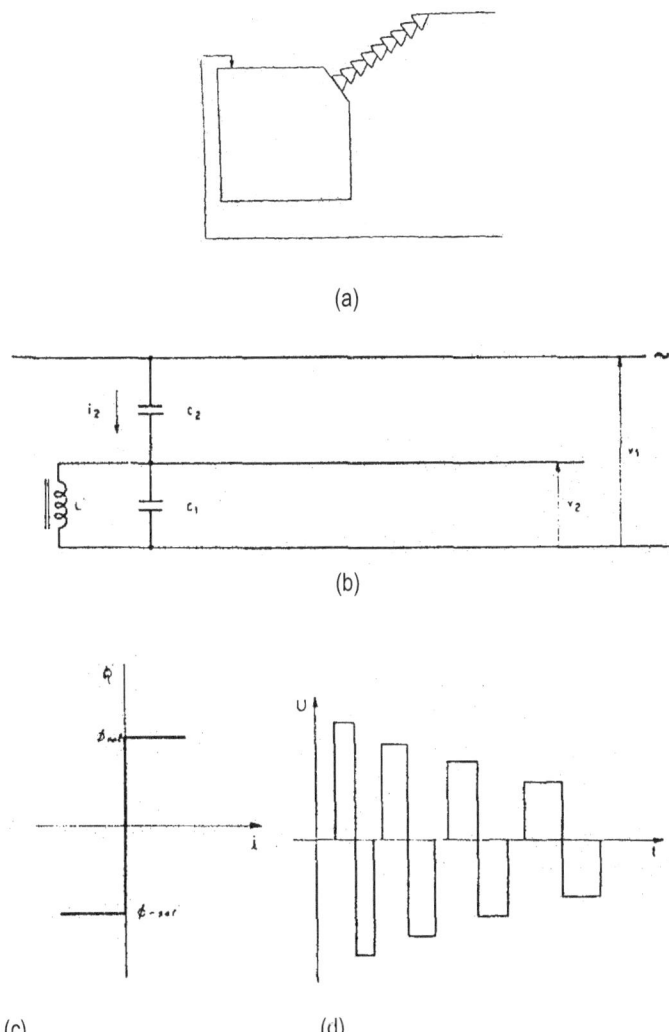

(a)

(b)

(c)   (d)

Figura 1.21.

De acuerdo al circuito equivalente se tiene

$$L_2 = C_2 \frac{d(v_2 - v_1)}{dt}$$ [1]

Admitiendo que en el instante $t = 0$ el inductor no esta energizado y el capacitor sometido a la máxima diferencia de potencial entre terminales del inductor, el flujo se incrementará hasta llegar al flujo de saturación.

En ese momento la corriente se incrementará rápidamente. A cada inversión del valor de la tensión, el fenómeno reaparece. En cuanto a la onda de tensión, tomando el tiempo $t = 0$, cuando es máxima la tensión en el capacitor y el transformador no está magnetizado en absoluto, es decir $\phi = 0$, dado que hay una tensión entre terminales, el flujo se incrementa pero hasta que no circule corriente, la tensión en el sistema permanecerá constante.

Esta situación continuará hasta llegar al flujo de saturación, en cuyo momento la corriente se incrementará y la diferencia de potencial caerá rápidamente, primero hasta llegar a cero y en el momento en que toda la energía quede almacenada en el transformador; luego volverá al valor de signo contrario cuando el transformador salga de la saturación. En este momento cambiará de ϕ de saturación a ϕ de menor saturación, cuando ocurre otra inversión y así sucesivamente.

Teniendo en cuenta que

$$E = \frac{d\phi}{dt}$$

$$\phi = \int E\, dt$$

La onda de tensión será cuadrada y su área proporcional a $2\phi_{sat}$. y la onda de corriente será una serie de picos, uno cada inversión de la corriente.

Dado que el área es fija se deduce que el periodo será inversamente proporcional a la tensión o sea, la frecuencia proporcional a la tensión. Este proceso se ilustra en las figuras 1.21c y 1.21d.

Asimilando la oscilación forzada a una onda cuadrada

$$v_1 = \sum An \cos n\omega t \qquad n = 1,\ 3,\ 5,\ 7. \qquad\qquad [2]$$

Para el sistema de suministro de potencia

$$v_2 = V_{2max} \cos\left(\Omega t + \theta\right) \qquad\qquad [3]$$

luego sustituyendo en [1] queda

$$i_2 = C_2 \frac{d}{dt}\left[v_{2max} \cos\left(\Omega t + \phi\right) - \sum A_n \cos n\omega t \right] \qquad\qquad [4]$$

$$i_2 = C_2 \left[\sum n\omega A_n \operatorname{sen} n\omega t - \Omega v_{2max}\left(\Omega t + \theta\right) \right]$$

La *potencia instantánea* suministrada será $v_1 C_2$ o sea

$$C_2 \sum n\omega A_n\, nwt \left[\sum n\omega A_n \operatorname{sen} n\omega t - \Omega v_{2max} \operatorname{sen}\left(\Omega t + \theta\right) \right]$$

La *potencia media* transformada será

$$\frac{1}{2\pi} \int_{wt=0}^{wt=2\pi} v_1 i_2\, dt$$

Para simplificar una integración del producto de dos series se toma en cuenta que todos los términos en el producto de las series tienen un valor medio en el intervalo 2π excepto

$$\int_{wt=0}^{wt=2\pi} \cos n\omega t \cos \Omega t \, dt$$

Lo cual da una *potencia media*

$$-\frac{1}{2} C_2 \Omega v_{2max} A_n \, sen\theta \quad para \Omega = n\omega$$

Cuando n es la unidad, la frecuencia de oscilación forzada es la misma que la del sistema inductor, o sea

$$n = 1 \quad A_1 = \frac{4}{\pi} v_{1max}$$

Cuando $n = 3$ la frecuencia de oscilaciones forzadas es $\frac{1}{3}$ de la frecuencia inductora. Esta implica una oscilación subarmónica con

$$A_3 = \frac{4}{\pi} \frac{1}{3} v_{1max}$$

Con $n = 5$ la frecuencia es $\frac{1}{5}$ de la frecuencia inductora resultando

$$A_3 = \frac{4}{\pi} \frac{1}{5} v_{1max} \text{ y así sucesivamente.}$$

Los picos de corriente en cada transitorio de tensión, son suficientes para saturar el núcleo hasta el punto en que puede provocarse un sobrecalentamiento del metal del transformador. No se inducen tensiones particularmente altas, incluso su valor de cresta puede ser menor que durante el servicio normal, de manera que no aparecen alarmas de sobretensión en este caso.

1.9. Sobretensiones de Maniobra.

Son de forma de impulso, aparecen por maniobras o defectos. En algunos casos pueden presentarse como una sucesión de alternancias muy rápidamente amortiguada a frecuencia propia de la red.

1.9.1. Corte de corriente antes de su cero natural

Sea L_s el valor de la corriente en el momento de la interpretación, figura 1.22. Si esta corriente se interrumpiera instantáneamente, aparecería en la bobina y por lo tanto en el interruptor una tensión que seria infinita dado que

$$e = L \frac{di}{dt}$$

para

$$\frac{di}{dt} = \infty$$

es

$$e = \infty$$

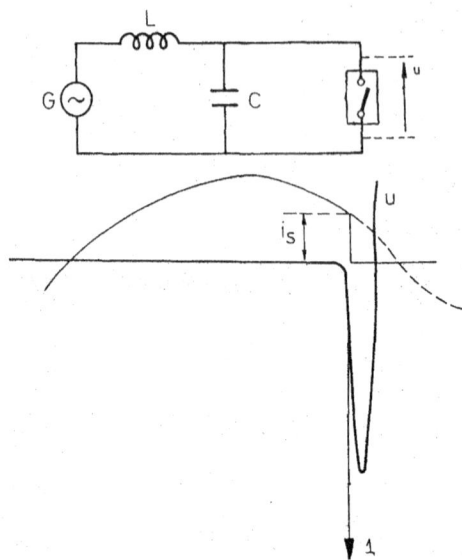

Figura 1.22.

La bobina representa, como parámetro concentrado, la inductancia de servicio. Considerando una línea ideal, es decir despreciando los efectos de la conductancia de derivación y la resistencia serie, y tomando en consideración la capacitancia de servicio C, lo que realmente ocurre es que la tensión tiende a crecer hasta que se cumpla la condición de equilibrio energética entre d y C.

$$\frac{1}{2} C\hat{u}^2 = \frac{1}{2} L i_s^2$$

$$u = \sqrt{\frac{L}{C}} = i_s L \frac{1}{\sqrt{LC}}$$

La pulsación propia del circuito es

$$\omega_0 = \frac{1}{\sqrt{LC}} = 2\pi f_0$$

con lo que se obtiene

$$\hat{u} = 2\pi f\, i_s \frac{f_0}{f} L$$

Si la tensión se indica con u la tensión a frecuencia de servicio que provoca la aparición de la corriente i_s, la tensión u será

$$\hat{u} = u \frac{f_0}{f}$$

$$\frac{\hat{u}}{u} = \frac{f_0}{f}$$

El primer miembro de la última ecuación es el factor de sobretensión. Si la frecuencia propia oscila en los 1000Hz, el factor de sobretensión para $f = 50$Hz sería de 20.

1.9.2. Apertura de una linea en vacio

Este fenómeno provoca la aparición de sobretensiones debidas al interruptor, a causa de los reencendidos. Tales sobretensiones puedan ocasionar fallas de aislación interna de los aparatos conectados, y se presentan también durante la apertura de los bancos de capacitores.

La descripción del fenómeno se efectúa suponiendo que el mismo es simétrico, por lo que el circuito y los esquemas son monofásicos. La linea en vacío es reemplazada por una capacitancia concentrada en su circuito equivalente, figura 1.23a. Cuando el interrruptor **S** esta cerrado, la corriente I circula bajo la acción de la tensión U_g de la fuente **G**. Ello provoca caidas de tensión de sentido contrario en la inductancia L y la capacitancia C, según el diagrama fasorial de la figura 1.23b. La causa de corriente, antes de la apertura se representa en la figura 1.23c. C_b es la capacitancia parásita de lado de la fuente.

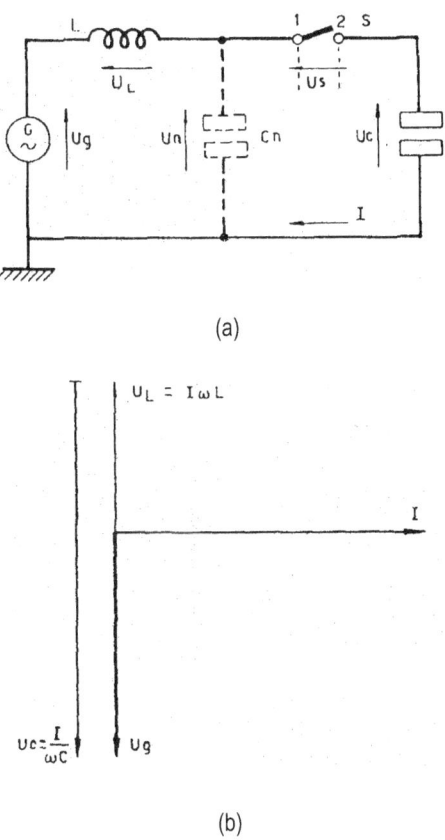

(a)

(b)

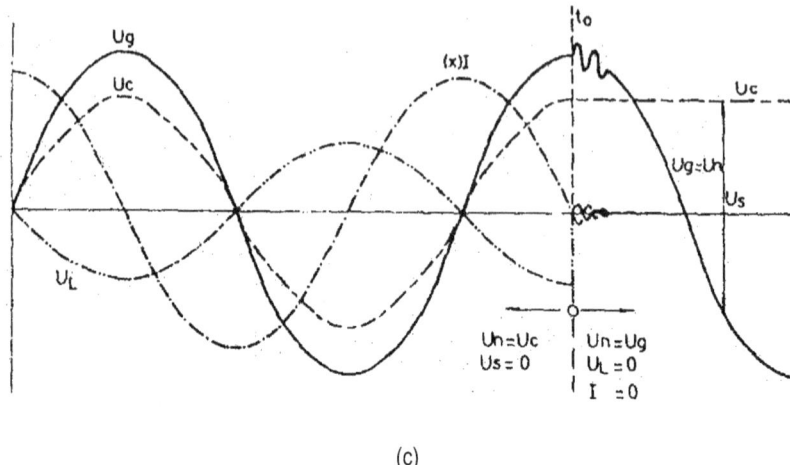

(c)

Figura 1.23.

Durante el paso natural de la corriente por cero, en t_0 la corriente es cortada por el interruptor. El capacitor C permanece cargado al valor de cresta de la tensión U_C, figura 1.23c, mientras que la tensión en el terminal **1** del interruptor oscila alrededor del valor de cresta de la tensión de alimentación, por lo que el espacio entre contactos **1** y **2** estarían sometidos a la diferencia de sus potenciales (tensión de retorno) U_S. En el instante t_0 el potencial U_n presenta, entonces, una discontinuidad seguida de una oscilación alrededor del valor

$$U_n = \sqrt{2}U_g$$

La máxima tensión de retorno del interruptor aparece medio ciclo después de la extinción del arco, y vale

$$U_{s\,max} = \sqrt{2}U_g + U_c$$

Según el método de apertura del interruptor y la construcción, la distancia entre contactos los permite soportar o no la tensión U_s.

Si la distancia entre los contactos en el es instante t_1 es mayor que la distancia disrruptiva no aparecen sobretensiones pero si dicha distancia es menor, ocurre un reencendido del arco entre los terminales del interruptor, figura 1.24. El capacitor C_n se carga a la tensión U_C del capacitor C, y este último comienza a descargarse a través de la inductancia del lado de la fuente L y del generador **G**. Esto se efectúa bajo la forma de una oscilación de frecuencia

$$f = 2\pi\sqrt{L(C+C_n)}$$

alrededor del valor instantaneo **P** de la tensión de alimentación. La tensión U_C en el capacitor C alcanza una amplitud de aproximadamente tres veces el valor de cresta de U_n.

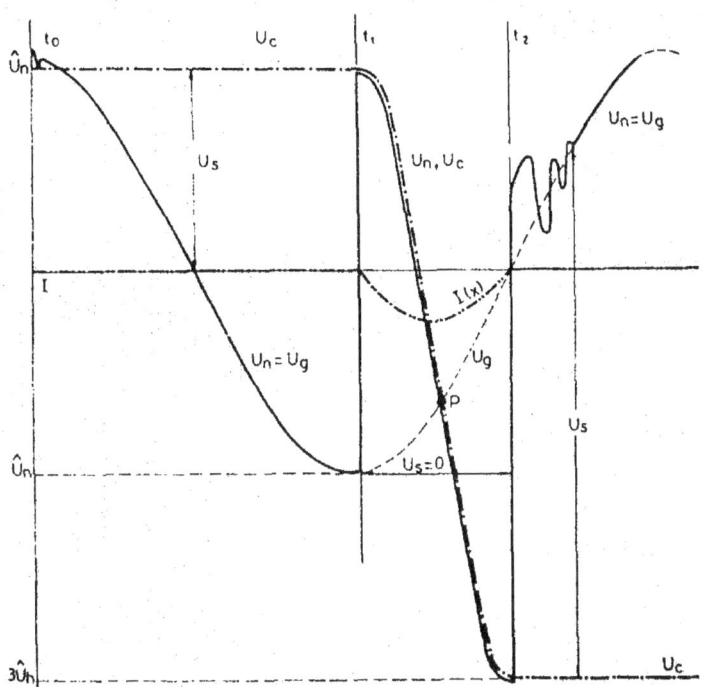

Figura 1.24.

En el instante t_z la corriente pasa por su primer cero, que el interruptor es capaz de cortar en la mayoría de los casos. El capacitor queda cargado a la tensión

$$U_c \simeq 3U_n$$

igual al potencial del terminal **2** mientras que la tensión en el terminal **1** sigue los valores de la tensión de la fuente.

Si la distancia entre contactos no supera a la crítica, se producirá un nuevo cebado del arco y las consecuentes sobretensiones.

1.9.3. Apertura de débiles Corrientes Inductivas

Un caso de la apertura de pequeños corrientes inductivas se presenta con el corte de la alimentación de un transformador en vacío.

El circuito equivalente monofásico para el análisis de fenómenos de apertura se indica en la figura 1.25, donde L representa la inductancia en vacío del transformador y C la capacitancia parásita derivación. Mientras el interruptor **S** permanece cerrado circula a través del transformador en vacío una corriente magnetizante bajo la exitación U_g del generador.

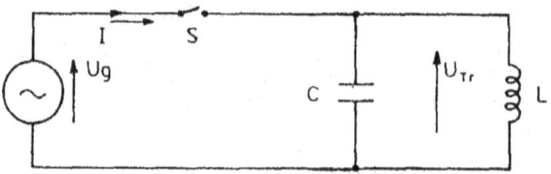

Figura 1.25. Circuito equivalente monofásico para el análisis de la apertura de débiles corrientes inductivas.

En la figura 1.26 representa el estado estacionario del circuito antes del instante t_0 de apertura del interruptor; después de t_0 en la misma figura, se supone que no circula mas corriente, es decir que la misma se extingue en su paso natural por cero.

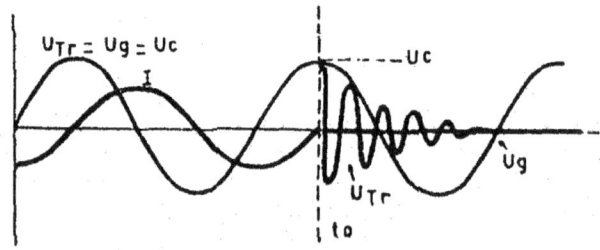

Figura 1.26. Forma de las ondas de corriente y tensión cuando el arco se extingue durante el paso natural por cero de la corriente.

El capacitor C queda cargado al potencial de cresta de la tensión del lado de la fuente, y se descarga a través de la inductancia L a la frecuencia natural de ese sistema.

Durante este fenómeno, entre terminales del transformador, la tensión no supera el valor de cresta de la tensión de alimentación y no aparecen sobretensiones.

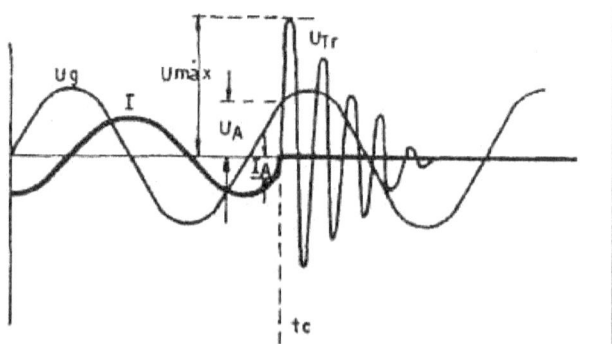

U_{Tr} = Tensión en bornes del transformador.

i = Corriente del transformador en vacío.

I_A = Amplitud de la corriente cortada.

$U_{máx}$ = Máxima amplitud de la sobretensión

Figura 1.27. Forma de onda de corriente y tensión cuando el arco se extingue antes del paso natural por cero de la corriente.

Dado que las corrientes débiles son cortadas antes de su paro natural por cero en casi todos los interruptores, el fenómeno real es el indicado en la figura 1.27. En el instante t_0 la corriente tiene una amplitud I_A. Esta corriente atraviesa la inductancia L, y tiende a conservar su valor. A consecuencia de la brusca interrupción, I_A se cierra a través de la capacitancia C, e implica un brusco crecimiento de la tensión hasta que se igualen las energías, quedando:

$$\frac{\left(U_{max}^2 - U_A^2\right)}{2} = \frac{I_A^2 L}{2}$$

La máxima tensión puede calcularse como

$$U_{max} = \sqrt{\frac{L}{C}I_A^2 + U_A^2}$$

relación que muestra que la sobretensión sera mayor, cuanto mayor sea la amplitud de la corriente I_A que el interruptor corta antes de su paso natural por cero.

1.9.4. Tensiones transitorias debida a la interrupción de la linea con carga.

Los casos más críticos para el estado transitorio se presenta durante la interrupción de la corriente de carga en el extremo de recepción de un alimentador cargado en redes de baja potencia de cortocircuito.

En la figura 1.28 se muestra la curva de la tensión en el extremo de recepción de una linea de 400 Km de longitud cuya tensión nominal es de 750 KV.

La potencia de cortocircuito de la red de alimentación se supone de 2000 MVA. Este sistema es el estudiado por A. Althammer y R. Petitprerre. La carga se supone resistivo-inductiva con un ángulo $\varphi = 45°$. El factor de sobretensión es $K_2 = 1,45$ y se explica la forma de las curvas por la relativamente baja frecuencia asociada al estado transitorio.

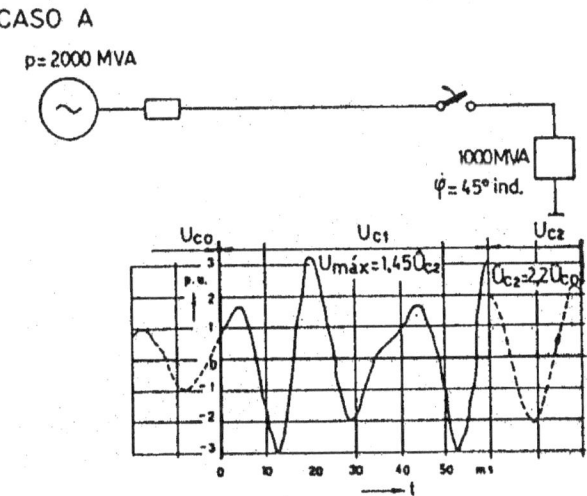

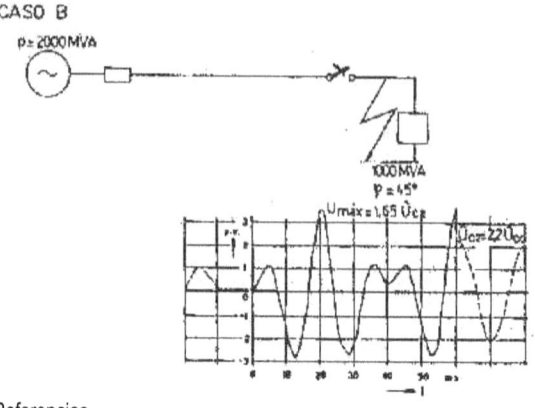

Referencias

0 = Antes de la interrupción.
1 = Durante la interrupción.
2 = Inmediatamente después de extinguido el transitorio.
C = Final de la linea.

Caso A = Interrupción de la corriente de una carga resistivo-
inductiva con $\varphi = 45°$

Caso B = Similar a "A" pero con el extremo de recibo en cortocircuito

Figura 1.28. Curvas de la tensión en el caso de desconexión de la carga en el extremo de recibo de una línea de 750 kV-400 km.

En la figura 1.28(B) se representa el mismo circuito que es la figura 1.28(A) pero se supone que se interrumpe un cortocircuito.

En este caso ocurre una mayor amplitud del factor de sobretensión que alcanza a $K_2 = 1,65$. Si la red está dimensionada y operada e forma que el factor de sobretensión a frecuencia industrial K_2 se limita 1,5 se puede esperar sobretensiones del orden de $K = K_1 \times K_2 = 1,65 \times 1,5 = 2,5$. Si actua un réle de sobretensión en elextremo inmediatamente después de la desconexión de la carga por el interruptor del extremo de recepción, el interrruptor del lado de salida debe operar sin reencendido, requisito severo, visto el alto valor de sobretensión. La sobretensión puede ser limitada mediante el uso de inductores derivación.

1.9.4. Puesta bajo tensión de una linea en vacío.

Con la puesta en servicio de lineas cuya tensión nominal superaba los 300 KV, comenzaron a establecerse los efectos de las sobretensiones debidas a la puerta bajo tensión, lo que anteriormente no acarreaba dificultades. El esfuerzo por reducir los niveles de aislación obliga a limitar las sobretensiones de maniobra. Cuando la potencia de cortocircuito de la red de alimentación es pequeña, la puesta bajo tensión de larga lineas de muy alta tensión puede ocasionar un apreciable cambio en la exitación de los generadores.

La figura 1.29 muestra diferentes condiciones de una red sobre la cual se efectúa la operación de puesta bajo tensión de 200 Km de longitud en vacío.

En el caso A se supone que la red de alimentación es de potencia infinita de modo que su reactancia se pueden considerar nulas. Se desprecian las pérdidas y se admite que el interruptor cierra cuando la tensión alcanza su máxima amplitud (que es el caso de solicitación mas severa para un circuito de características reactivas), por cuya razón esta hipótesis será mantenida también en los demas casos analizados.

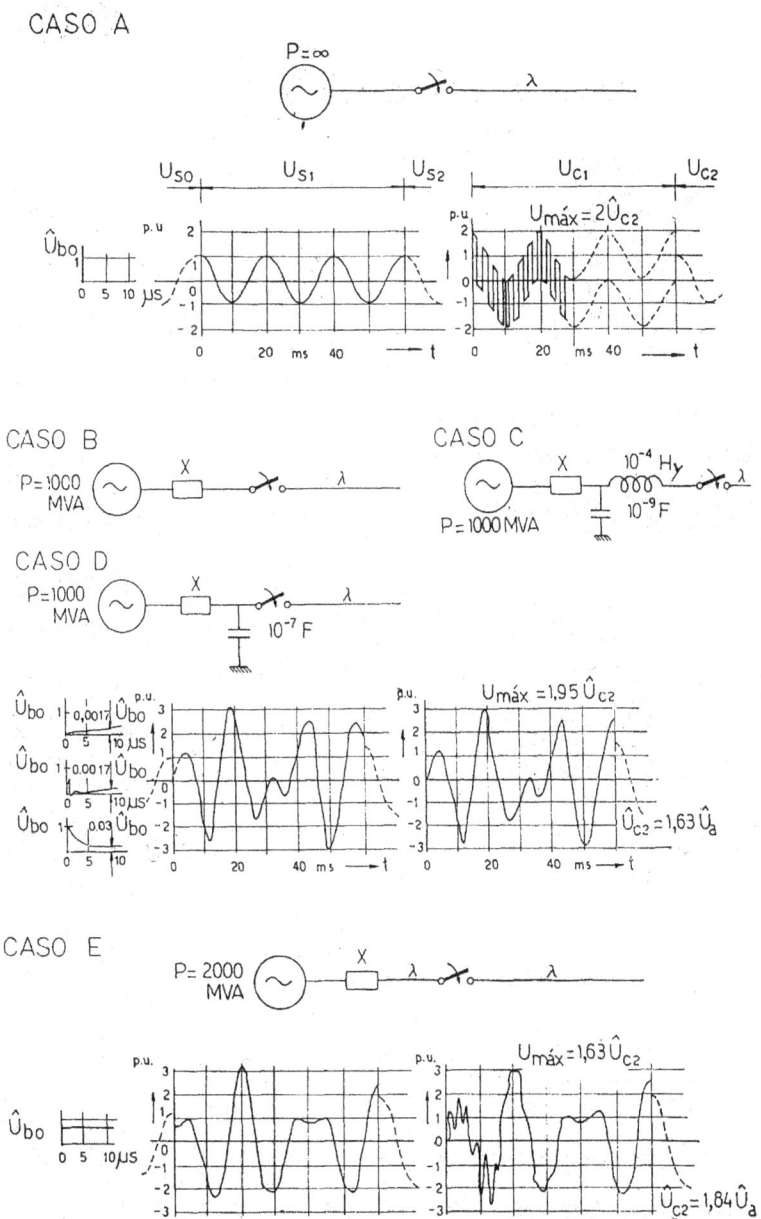

Figura 1.29. Puesta bajo tensión de una línea en vacío (longitud 200 km)

Dado que la tensión de la fuente U_{S1} en los bornes del interruptor es constante, la curva de la tensión en el extremo de recepción se puede reconstruir facilmente considerando que la onda migratoria de tensión tendrá como máxima amplitud el doble de aquella en régimen premanente.

La solicitación mas severa ocurre cuando la potencia de cortocircuito de la fuente es baja, respectivamente, la reactancia de cortocircuito de la red es elevada. En este caso la fuerza de la curva de tensión es esencialmente diferente. El caso B representa un circuito simplificado en estas condiciones, donde se supone que la tensión de cortocircuito de la fuente es de 1000 MVA.

El frente de la onda migratoria de tensión es mucho mas aplastado ya que la alta reactancia del lado de la fuente operará como un filtro para las corrientes de alta frecuencia. En el momento del cierre de la tensión de la fuente exista en un mismo instante la reactancia X. La pendiente de la onda de corriente de alimentación es

$$\frac{U_{bo}\,2\pi f}{X}$$

y la pendiente de la onda de tensión en el comienzo de la linea será

$$\frac{Z_C U_{bo}\,2\pi f}{X}$$

si Z_C designa a la impedancia característica de la linea.

El balance de energía entre la red de alimentación y la linea, que es quien gobierna el transitorio, se realiza como si la capacitancia de la linea estuviera aproximadamente concentrada. Despreciando los amortiguamientos, la tensión transitoria puede alcanzar como máximo, el doble de la tensión a 50 Hz en el extremo de recepción. La tensión a frecuencia industrial en este caso, mucho mayor que en el ejemplo A, el factor de, sobretensión será

$$K = K_1 K_2 = 1,95 \times 1,63 = 3,18$$

En el caso B, representa un esquema muy simplificado.

En realidad la tensión de la red de alimentación no puede aplicarse en un mismo instante, de modo uniforme a la reactancia X, pues la red posee capacitancia a tierra y entre fases y además el sistema contiene generalmente un trasnformador, un juego de barras y algunas lineas de interconexión. El caso C agrega al ejemplo B una capacitancia de 10^{-9} y una inductancia de 10^{-4} Hy. La curva de la tensión en el comienzo de la linea (μb) es distinta de la del caso B, pero la sobretensión es despreciable y la curva de la tensión μc, al final de la linea no difiere mucho con el caso B. El caso D, presenta capacitancia de la red de alimentación mucha mayor que C, por ejmplo un sistema de largas barras. Tampoco ahora las curvas de μc y U_s difieren en mucho de aquello de B.

El caso E presenta la operación de puesta bajo tensión de una linea en vacío que es alimentada porotra linea larga. Se propagan dos ondas migratorias, una en cada sentido. La amplitud de la sobretensión transitoria es menor, pero por efecto Ferranti la tensión a 50 Hz, en el extremo de recepción es mayor que en los casos anteriores.

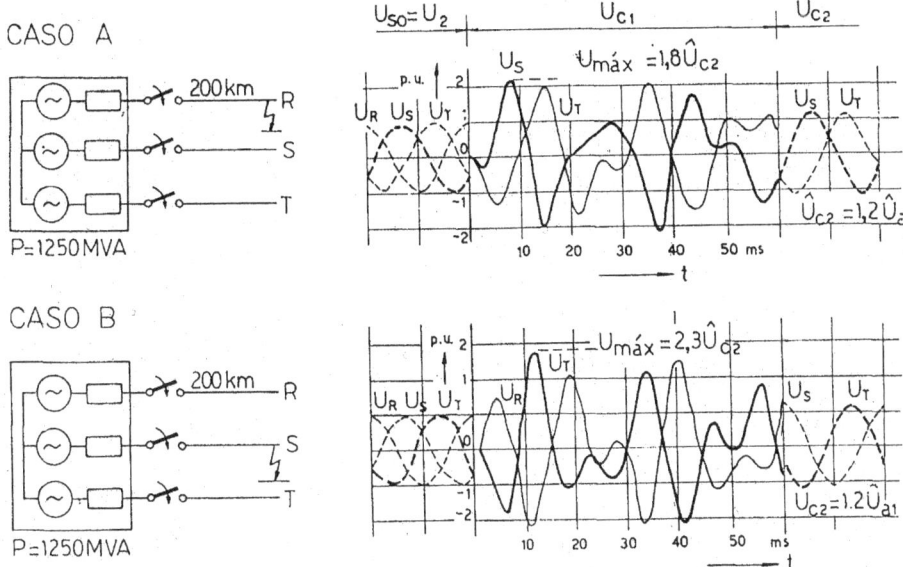

Figura 1.30. Puesta bajo tensión (tripolar) de una línea de 200 km en vacío con una puesta a tierra en el extremo de recibo.

De todos los ejemplos analizados, Althammer y Petitprerre observaron la gran importancia de las condiciones de la red de alimentación en el estado transitorio subsiguiente a la puesta bajo tensión de una linea en vacío. Todos los casos analizados. El caso analizado presupone que las tres fases cierran simultáneamente.

En la figura 1.30 se considera una operación de cierre trifásico, cuando una de las fases esta puesta a tierra.

En esa figura se observa que las tensiones en el extremo de recepción debida a la interacción mutua en las fases sanas alcanzan valores en régimen trasnitorio de 1,8 a 2,3 veces la tensión de régimen permanente.

1.9.5. Recierre Ultrarrápido.

Si debido a un cortocircuito monofásico a tierra, el interruptor abre los tres polos, la fase sanas de la línea permanecen con carga electrostática por un tiempo corto en correspondencia con el potencial que tenían a la apertura.

Empleando el recierre ultrarrápido, la curva de la tensión puede tener, en un caso desfaborable, la forma y amplitud indicada en el figura 1.31, donde se supone que la linea no se descarga durante el tiempo muerto de apertura y que el interruptor cierra en el instante en que la tensión alcanza una amplitud igual y de signo opuesto a la que tenia en el intante de la apertura. Se observa en esta figura que, despreciando las amortiguaciones, la tensión alcanza una amplitud cuyo máximo es de tres veces el valor de cresta en condiciones normales en el extremo de recepción.

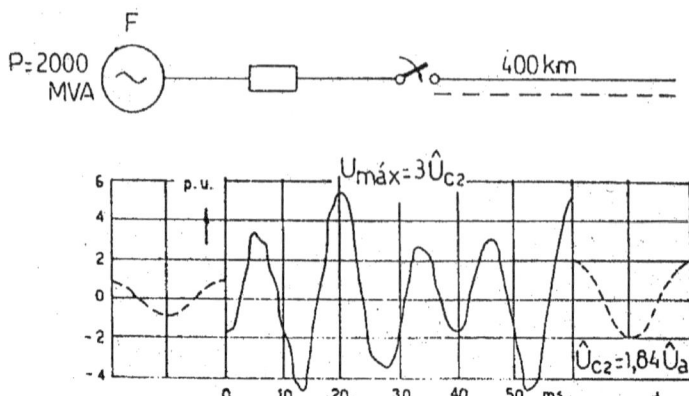

Figura 1.31. Recierre ultrarrápido en una línea de 400 Km de longitud alimentada desde una red cuya potencia de cortocircuito es 2000 MVA.

Si el empleo del recierre ultrarrápido trifásico es incapaz de evitar la pueta bajo tensión de una linea cargada electrostáticamente y, si a consecuencia de ello se producen sobretensiones de gran amplitud, se puede disminuir esto, incorporado en paralelo con los contactos principales del interruptor, un resistor de forma que la operación de cierre se efectúe en dos etapas. En una primera etapa se conecta el resistor de preinserción que en una segunda etapa, es cortocircuitado por los contactos principales. Comparando la figura 1.31 donde se intercala un resistor de 500 Ohm, con la figura 1.32 la efectividad de esta medida es evidente.

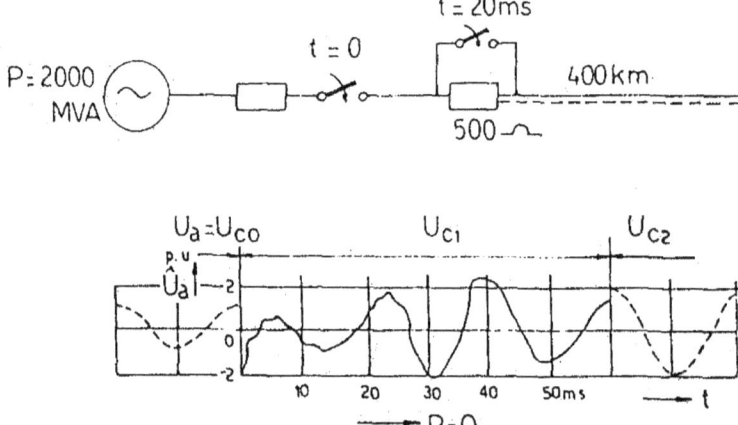

Figura 1.32. Recierre ultrarrápido en el mismo sistema de la figura 1.31. pero utilizando un resistor de preinserción.

1.10. Impulso de Maniobra.

La sobretensiones de maniobra presentan una gran variedad de formas, magnitudes y duración correpondientes a una gran variedad de eventos iniciales.

Para un evento en particular los parámetros son determinados al mismo tiempo por el sistema y las características de la maniobra proyectada.

La forma puede ser unipolar, oscilatoria o totalmente irregular y puede estar superpuesta a la frecuencia nominal o a una subtensión temporaria. la fig. 1.33 muestra algunos ejemplos.

a) Inicio de una falla.
b) Extinción de la falla.
c) Energización de la línea.

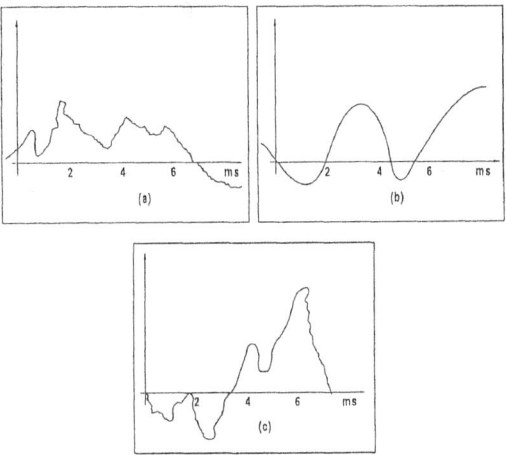

Figura 1.33. Típicas formas de onda de las subtensiones de maniobra.

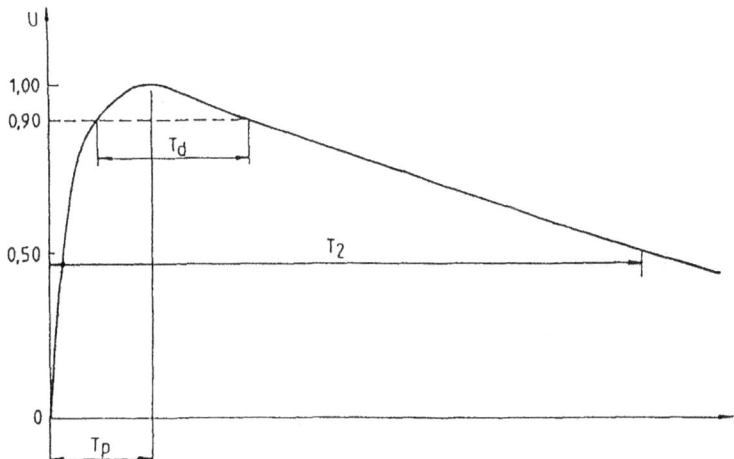

Figura 1.34. Forma de onda del impulso de maniobra según recomendaciones de la Comisión Electrotécnica Internacional.

El impulso de maniobra normalizado por las recomendaciones de la Comisión Electrotécnica Internacional tiene un tiempo de frente de 250 μs y un tiempo de cola de 2500 μs, con formas alternativas de 100/2500 μs y 500/2500 μs. La tolerancia en el valor de pico es de ± 3%, sobre el tiempo de frente de ± 20% y sobre el tiempo de cola de ± 60%.

1.11. Bibliografía

- Ramirez Vazquez, D. J. *Estaciones de Transformación y Distribución. Protección de sistemas Eléctricos*. Ed. CEAC.

- Vazquez Praderi, F. *Sobretensiones. Coordinación de la Aislación*. Edit. Ediar.

- Diesendorf, W. *Insulation and Coordination in High Voltage Systems*. Edt. Butterworths.

- Weedy, B. W. *Sistemas Eléctricos de Gran Potencia*. Edit. Reverté.

- Sobelzon, H. L. *Algunas de las causas que provocan sobretensiones de Origen Interno y medios para reducirlas*. Rev. Electrotécnica.

- Torresi, A. A. *Mediciones en Alta Tensión*. Edit. Universitas. Córdoba. 2001.

2

Coordinación de la aislación

2.1. Introducción

Se entiende por coordinación de la aislación al conjunto de disposiciones que se toman con el fin de evitar que las sobretensiones causen daños a los equipos y cuando las descargas debidas a fallas no pueden ser evitadas por medios económicamente compatibles, sean localizadas en puntos del sistema donde produzcan el menor daño en el funcionamiento y en las instalaciones de dicho sistema.

La regla general a la que debe responder una instalación eléctrica es la seguridad en caso de fallas. Las consecuencias más importantes de una fallas son: los cortocircuitos, las sobrecargas térmicas y las sobrecargas dinámicas. Estas fallas son provocadas por las sobretensiones.

Cuando se produce una sobretensión, esta debe descargar a tierra en el punto donde se produce la mínima avería. Este es el objetivo de la coordinación de la aislación.

La coordinación de la aislación comprende el conjunto de medidas preventivas utilizadas para proteger una instalación contra la descargas disruptivas y los contorneamientos. En todos los casos dichas medidas preventivas deben conducir a soluciones económicamente aceptables.

La coordinación de las aislación apunta a que la descarga se localice en un punto donde no se creen daños y no produzcan explosiones. La coordinación reside en el escalonamiento de la aislación teniendo en cuenta las probables sobretensiones y las características de choque de las diferentes partes de la instalación.

La coordinación comprende la mejora de los niveles de aislación de aparatos, puestos, líneas aéreas y cables.

La elección del nivel de aislación viene determinada por dos elementos básicos: por una parte por el número más probable de incidentes y por la otra, el costo de la instalación no debe ser prohibitivo. Por lo tanto la aislación de las diferentes partes debe ser escalonada de tal forma que las descargas provocadas por las sobretensiones se produzcan en puntos bien determinados. La coordinación externa comprende el escalonamiento apropiado de la aislación entre la red, los puestos, los transformadores y la instalación de protección.

La aislación interna concierne a cada aparato tomado individualmente, como ser el transformador, el interruptor, etc. que deben considerarse como una unidad independiente. En consecuencia se debe seleccionar cuidadosamente al rigidez de la aislación de los diferentes elementos.

La elección de la aislación obedece a la siguiente regla fundamental: las sobretensiones no deben provocar contorneamientos ni perforaciones, por lo tanto los protectores de sobretensión deben funcionar solo en el momento preciso.

Como toda sobretensión está ligada de alguna manera a la tensión de servicio, la instalación y la línea deben tener niveles de aislación más elevados que la tensión de servicio más alta.

2.2. Problemas fundamentales de la coordinación de la Aislación

Todos los aparatos de una estación (transformadores, interruptores, bobinas de choque, etc.) que están unidos a las líneas directamente o por un cable de poca longitud soportan la influencia de las sobretensiones atmosféricas. El valor máximo de estas sobretensiones dependen de la protección utilizada. Resulta imposible, por razones económicas, reforzar la aislación del sistema para evitar todas las descargas. Por otra parte no es deseable debilitar la aislación de la línea a punto tal que las ondas de sobretensión no provoquen descargas en los puestos de operación, dado que en tal caso los daños en la línea serán demasiado frecuentes. La instalación de descargadores de sobretensión es la solución más apropiada dado que provocan la descarga de la onda de tensión sin otro incidente de explotación. Por este procedimiento el nivel de aislación de la línea puede ser fijado lo suficientemente alto para que los daños sean escasos y se puede elegir la aislación de la estación independientemente de la aislación de la línea.

De esta forma se puede evitar el escalonamiento de la aislación entre la estación y la línea. Por el contrario, se debe realizar dicho escalonamiento en el interior de la estación. Se procede así, no para evitar todas las descargas en la estación, sino para limitar las perturbaciones que estas pueden producir.

La aislación de los equipos depende del nivel de sobretensión que los descargadores no pueden cortar. Por lo tanto la característica de choque de los descargadores determina la elección de la aislación de las diferentes partes de la instalación.

La protección de los ensambles de la estación se logra con el emplazamiento adecuado de los pararrayos. Una falla en los pararrayos puede significar un riesgo de deterioro de los materiales aislantes de los equipos. Una descarga disruptiva en el interior de un transformador puede significar un daño importante. Ante el riesgo de una descarga interior, es preferible un daño externo. Por tales razones se deben compatibilizar el escalonamiento externo con el escalonamiento interno de la estación de tal forma que la seguridad de los equipos no dependa únicamente del buen funcionamiento de los descargadores y de las descargas de sobretensión.

Las consideraciones anteriores conducen a dividir la aislación de una estación en secciones de rigidez dieléctrica diferentes, a establecer diferentes niveles de aislación. Como ejemplo, las normas suizas SEV establecen tres niveles de aislación; dos para la aislación de la estación y uno para los aparatos de protección. La tensión de choque que produce contorneamiento en el 50% de las aplicaciones, es determinante para el nivel de aislación de cada aparato o transformador.

El nivel más alto, para aparatos y transformadores, será determinado por una ensayo conjunto de los niveles medio y superior por la ampliación de una tensión de choque de amplitud tal que cada vez que se produzca un cebado en el nivel medio no se producirá ninguna descarga en el nivel superior. En el nivel de protección es conveniente tener en cuenta las características de los descargadores de protección.

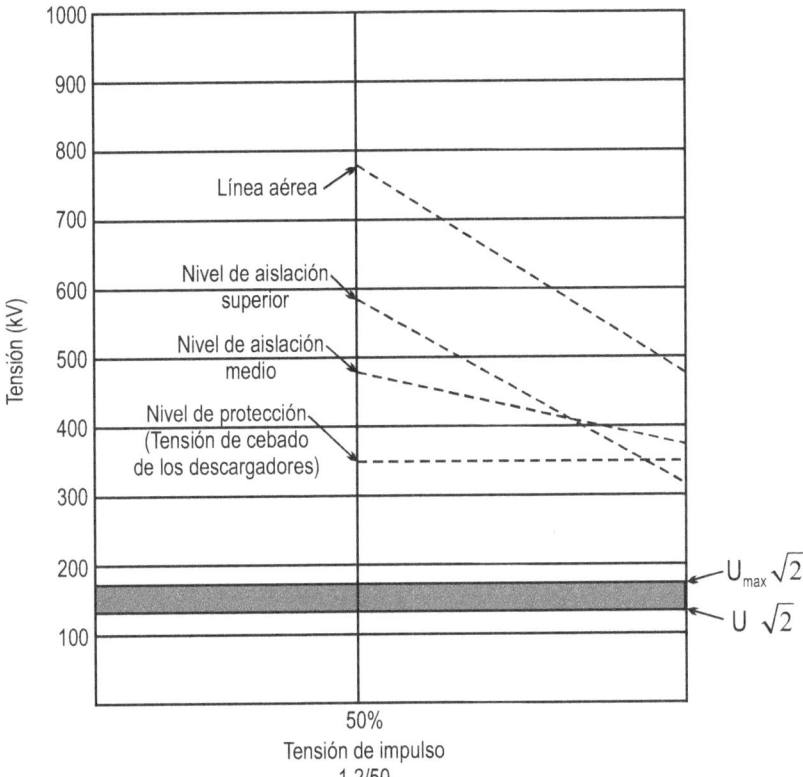

Figura 2-1. Escalonamiento de la aislación de una estación de 110 KV

El nivel medio comprende los puntos de posible descargas entre partes de baja tensión y tierra y los descargadores de coordinación. Los aisladores sobre zócalo, los atravesadores y todas las partes de los aparatos, los transformadores, barras ómnibus, etc., que sometidos en funcionamiento, a plena tensión entran dentro de esta categoría.

El nivel superior comprende todas las partes de una instalación con aislación líquida o sólida, tales como transformadores, cables, capacitores, atravesadores, seccionadores y disyuntores de corte visible, los recintos dificilmente accesibles en el interior de aisladores y de interruptores, etc.

El escalonamiento de la aislación de un sistema de tres niveles debe tener en cuenta los hechos siguientes: la suficiencia para limitar la rigidez de la aislación de nivel medio, localizar los descargadores a varilla, los descargadores a cuerno u otros electrodos (explosores de coordinación).

Estos pueden ser colocados sobre los bornes de entrada de los transformadores, disyuntores. Si estos explosores son ubicados en otros aisladores, en la proximidad inmediata al equipo a proteger, el escalonamiento entre el explosor y la aislación no está totalmente determinado por la tensión de cebado de los aisladores; con o sin descargador depende de las condiciones prácticas de su instalación.

Los valores de dicha sobretensión dependen de la distancia entre el aislador y la tierra y el aislador y otros conductores.

Si nos valemos de todas estas influencias negativas, el descargador debe ser ubicado en un lugar tal que su distancia al suelo y de otros conductores sea muy grande, lo que conducirá a soluciones económicamente inaceptables.

Las descargas no deberán aparecer en el nivel medio salvo cuando el limitador o explosor de protección no funcion.

La regla fundamental para la ubicación de los descargadores y explosores de protección es colocarlos en cada salida y cada entrada, más precisamente en un punto de la línea a lado del seccionador. De esta forma el ensamble de la instalación permite a los descargadores proteger contra la penetración directa de una onda de tensión. Si el nivel de la onda de tensión es inferior al nivel de protección, el descargador no funcionará y la amplitud de la onda puede amplificarse por reflexión alcanzando valores peligrosos. Si en la cercanía del punto de reflexión no existe algún descargador, pueden producirse descargas. Por esta razón se debe instalar limitadores de sobretensión en lugares importantes de la estación.

El proyecto de escalonamiento de tres niveles debe tener en cuenta la dispersión de las tensiones de descarga, para que los dominios de dispersión de dos niveles próximos no se colisionen; las tensiones que producen un 50% de contorneamiento deberán ser muy diferentes. Siempre es necesario por razones económicas conservar un cierto escalonamiento de dos dominios de dispersión. Por lo tanto la elección de los niveles y el conocimiento de la característica de choque de aislaciones, explosores y descargadores son muy importantes para la coordinación de la rigidez de la aislación.

Si se limita a dos niveles (nivel de aislación y nivel de protección), estas condiciones no son necesarias y esta es una de las razones fundamentales por la que se prefiere dicha solución que es actualmente la más utilizada.

Nivel de aislación (aparatos, transformadores, etc.): prescribe los valores nominal de sobretensión (riego solo de descarga), tensión resistida.

Nivel de protección (limitadores y explosores de protección): prescribe el valor máximo de la tensión residual para lograr la derivación normal y la más baja tensión de choque necesaria de funcionamiento para una onda normal (tensión de cebado 100%).

Se puede obtener económicamente una diferencia importante entre los dos niveles (15 a 25% del nivel de protección). Las razones siguientes son, entre otras, los determinantes a favor de elegir dos niveles.

1. Selectividad absoluta.

2. Se dispone actualmente de limitadores cuya seguridad está ampliamente probada.

3. El escalonamiento en el nivel medio y el nivel superior no es suficiente, ni seguro, para ondas muy rápidas.

4. La solución usando tres niveles es más costosa pero no siempre la mejor.

5. El escalonamiento entre el nivel medio y el novel superior puede traer dificultades para los proyectos de los aparatos y presenta una limitación poco deseable de posibilidades de construcción.

2.3. Definiciones sobre Aislación

I) **Aislación externa**. Aislación de la partes externas de un aparato, constituido por distancias en aire o superficies aislantes en contacto con el aire, y sometidas, al mismo tiempo, a las solicitaciones dieléctricas y a la influencia de las condiciones exteriores tales como: humedad, polvo, impurezas, animales, dispositivos de sal, etc.

II) **Aislación interna**. Aislación de las partes internas de un aparato que no está sometido a la influencia de las condiciones atmosféricas o agentes exteriores. Como ejemplo se puede citar a la aislación en baño de aceite.

III) **Aislación externa para equipamiento interior**. Aislación externa destinada a utilizarse en el interior de un edificio y no expuesta a la intemperie.

IV) **Aislación externa para equipamiento exterior**. Aislación externa destinada a utilizarse en el exterior de las edificios y que puede estar expuesta a la intemperie.

V) **Aislación autoregenerativa**. Aislación que recupera integralmente sus propiedades aislantes después de una descarga disruptiva en el curso de un ensayo dieléctrico. Una aislación de este tipo es, generalmente pero no necesariamente, una aislación externa.

VI) **Aislación no autoregenerativa**. Aislación que pierde sus propiedades aislantes o no las recupera integralmente después de una descarga disruptiva en el curso de un ensayo dieléctrico. Una aislación de este tipo es, generalmente pero no necesariamente, una aislación interna.

VII) **Tensión resistida estadística a los impulsos de maniobra o de origen atmosférico**. Valor de cresta de una sobretensión de maniobra o de origen atmosférico aplicado en el curso de los ensayos de impulso para el cual la probabilidad de resistir es igual a una probabilidad de referencia especificada. Esta probabilidad de referencia es por lo general, igual la 90%. Actualmente este concepto de tensión resistida estadística solo se aplica a las aislaciones autoregenerativas.

VIII) **Tensión resistida convencional a los impulsos de maniobra o de origen atmosférico**. Valor de cresta de una sobretensión de maniobra o de origen atmosférico aplicada en el curso de los ensayos de impulso para la cual una aislación no mostrará signos de ninguna descarga disruptiva cuando se la somete a un número especificado de impulso de este valor, en las condiciones especificadas. Este concepto de aplica en particular a las aislaciones no autoregenerativas.

IX) **Tensión resistida nominal a los impulsos de maniobra o de origen atmosférico**. Valor de cresta de la tensión resistida a los impulsos de maniobra o de origen atmosférico en lo que se refiere a los ensayos resistidos.

X) **Tensión resistida de corta duración a frecuencia industrial**. Valor eficaz de la tensión sinusoidal de frecuencia industrial que la aislación del equipamiento debe soportar cuando los ensayos se efectúan en las condiciones especificadas, y durante un tiempo determinado que no exceda generalmente un minuto.

XI) **Nivel de aislación nominal**.

a. Para los equipos cuya tensión máxima para el equipamiento es igual o mayor a 300 KV son las tensiones resistidas nominales a los impulsos de maniobra y de origen atmosférico.

b. Para los equipos cuya tensión máxima para el equipamiento es menor que 300 KV son las tensiones resistidas nominales a los impulsos de origen atmosférico y la tensión resistida nominal de corta duración de frecuencia industrial.

XII) **Factor de seguridad estadística.** Para un determinado tipo de perturbación, la relación entre el valor asignado a la tensión resistida estadística al impulso de maniobra o de origen atmosférico y la sobretensión estadística. Esta relación se establece sobre la base de un determinado riesgo de falla, tomando en consideración las distribuciones estadísticas de las tensiones resistidas y de las sobretensiones.

XIII) **Factor de seguridad convencional.** Relación entre una tensión resistida convencional a los impulsos de maniobra o de origen atmosférico y la sobretensión máxima convencional correspondiente. Esta relación se fija sobre la base de la experiencia y para tener en cuenta las desviaciones posibles de la tensión resistida real t al sobretensiones con relación a sus valores convencionales, así como toda otra circunstancia.

XIV) **Nivel de protección de un dispositivo de protección.** Valores de cresta de las tensiones máximas admisibles en los bornes de un dispositivo de protección, sometidos en condiciones especificadas, a impulsos de maniobra o de origen atmosférico, de formas normalizadas y valores nominales.

XV) **Factores de protección de un dispositivo de protección.** Los factores de protección de un dispositivo de protección son los valores de los niveles de protección, el impulso de maniobra y al impulso de origen atmosférico, respectivamente, divididos por el calor de cresta de la tensión nominal de este dispositivo.

XVI) **Gama de tensiones máximas para el equipamiento**. Para las normas IRAM, los valores normalizados de la tensión máxima para el equipamiento se dividen en tres grupos

GAMA A: $1\,KV < U_m < 52\,KV$

GAMA B: $52\,KV \leq U_m < 300\,KV$

GAMA C: $U \geq 300\,KV$

2.4. Determinación de los Niveles de Sobretensión a Pieveer

La coordinación de la aislación comprende la selección de las tensiones resistidas por los equipos y su disposición en la aislación, en función de las tensiones que pueden aparecer en la red a la cual se destinan y teniendo en cuneta las características de los dispositivos de protección disponibles.

El objetivo es reducir a un nivel aceptable, desde el punto de vista económico y de la explotación, la probabilidad de que las solicitaciones dieléctricas resultantes impuestas a los equipos causen daños a sus aislaciones a afecten la continuidad del servicio.

la determinación de las niveles de sobretensión a que estarán expuestos los equipos resulta esencial para seleccionar los niveles de sobretensión a que estarán expuestos los equipos resulta esencial para seleccionar los niveles de protección de los niveles de protección de los de los dispositivos. Las normas IRAM establecen criterios para esa determinación de acuerdo a la gama de tensiones máximas.

1. **GAMA A.** Para las tensiones menores que 52 KV, las sobretensiones de maniobra, generalmente, no presentan riesgos importantes en las redes eléctricas. La coordinación de la aislación se determina por las sobretensiones de origen atmosférico.

La sobretensión de maniobra proveniente de una línea aérea y transferida a una instalación por medio de transformadores o de cables de corta longitud pueden ser despreciadas. Una excepción puede ser la instalación conectada a los bornes de baja tensión de una línea que alimenta a un transformador de alta tensión y en particular si aparece una resonancia entre las dos redes durante las conexión de una o dos fases.

En la mayoría de los casos, las sobretensiones de maniobra no ofrecen peligro, pero en otros pueden presentar amplitudes y velocidades de variación importantes. Si se dispone de una gran experiencia práctica adquirida en la operación de diversas instalaciones industriales y centrales; las sobretensiones o variaciones de tensión más peligrosas pueden exitarse suprimiendo las resonancias y eligiendo correctamente el aparato de conexión.

No se justifica económicamente, en estos niveles de tensión, la representación detallada de la red en computadora o en analizador de transitorios; mas que en casos particulares, dado que es necesario una representación detallada para obtener resultados confiables y una instalación compleja que incluye frecuentemente numerosos equipos.

La experiencia es el mejor método y en ciertos casos excepcionales si efectuaran los ensayos de maniobra, registrándose los fenómenos con velocidad lenta y rápida. Las amplitudes, las formas de onda, la frecuencia de aparición de las sobretensiones de origen atmosférico sobre la red puede evaluarse con un grado de precisión razonable. Como la tensión de cebado a impulso de los aisladores utilizados en las líneas aéreas, en este grupo de tensiones, es pequeña frente a la tensión aplicada a una línea por una descarga atmosférica directa, las solicitaciones aplicadas al equipamiento de la subestación dependen, en primer lugar, de las características constructivas de la línea. Por ello se hace necesaria una protección esmerada del equipamiento de la subestación se está conectada a un línea de postes de madera sin puesta a tierra de los herrajes. Cuando las líneas son construidas con postes de acero o de hormigón armado, o bien con herrajes puestos a tierra, se puede adoptar una protección reducida, según las circunstancias.

La amplitudes y formas de onda están igualmente influenciadas por factores que caracterizan la construcción de la red y la disposición de la subestación. Estos factores son:

a. Impedancia de onda de las líneas y cables conectados a una subestación.

b. Cables que llevan una cubierta metálica puesta a tierra, colocados en serie con la línea o entre el juego de barras de la subestación y el aparato a proteger.

c. Cables de guardia que protegen las líneas aéreas algunos kilómetros a partir de la subestación.

d. Explosores de protección o cables de guardia colocados sobre uno o dos tramos antes de la subestación.

2.   **GAMA B**. Para la gama B como para la gama A los niveles de aislación son generalmente tales que las sobretensiones de maniobra no presentan casi problemas y la coordinación se basa principalmente en las sobretensión de origen atmosférico que aparecen en las redes que tienen líneas aéreas.

Además en esta gama de tensiones, no hay generalmente motivos económicos determinantes que justifiquen un estudio detallado de las solicitaciones debidas a las sobretensiones.

3.   **GAMA C**. En esta gama de tensiones resulta preponderante la importancia de las sobretensiones de maniobra en la coordinación de la aislación y tanto más a medida que el nivel de tensión aumenta. esto justifica el abandono del ensayo de un minuto a frecuencia industrial, que es sustituido por un ensayo a los impulsos de maniobra que es más representativo.

En esta gama, a causa del elevado costo del equipamiento hay que atenerse a concepciones más económicas en materia de coordinación de la aislación. Por otra parte, las serias consecuencias de una falla exigen una cuantificación precisa de las sobretensiones previsibles. La evaluación debe hacerse para cada tipo de sobretensión importante en la red considerada.

Todas las previsiones del estudio de sobretensiones deben hacerse utilizando un analizador transitorio o una computadora, dado la complejidad de los cálculos que resultan necesarios.

La experiencia adquirida en los estudios de una extensa variedad de redes demuestran que es difícil establecer reglas generales para evaluar las sobretensiones debido al gran número de parámetros de los que dependen las sobretensiones.

La resolución de estos problemas, utilizando la técnica del cálculo analógico o del cálculo numérico, exige un buen nivel de conocimientos.

Es importante la elección de los casos más significativos para la reducción de la red a un número razonable de líneas y de barras de subestación o para la representación de los parámetros de la red o de la característica de los aparatos.

Con los métodos modernos en materia de coordinación en los niveles más elevados, la amplitud de las sobretensiones en un punto dado, provocado por un tipo dado de fenómeno , no se puede definir con un solo valor, figura 2-2.

a.   Sobretensiones de conexión de líneas.

b.   Sobretensiónes que aparecen en una cadena de aisladores   como consecuencia de descargas atmosféricas en la estructura soporte.

   $f_0(U) =$ densidad de probabilidad de sobretensiones.

   $F_0(U) =$ probabilidad (acumuladada) de sobretensiones.

Lo único que se puede indicar es la probabilidad $f_0(u)du$ de aparecer una sobretensión de valor comprendido entre u y $u+du$, donde $f_0(u)$ es la densidad de probabilidad de las sobretensiones. La probabilidad $F_0(u')$ de que se sobrepase al valor u' viene dada por la expresión:

$$F_0(u') = \int_{u'}^{\infty} f_0(u)\, du$$

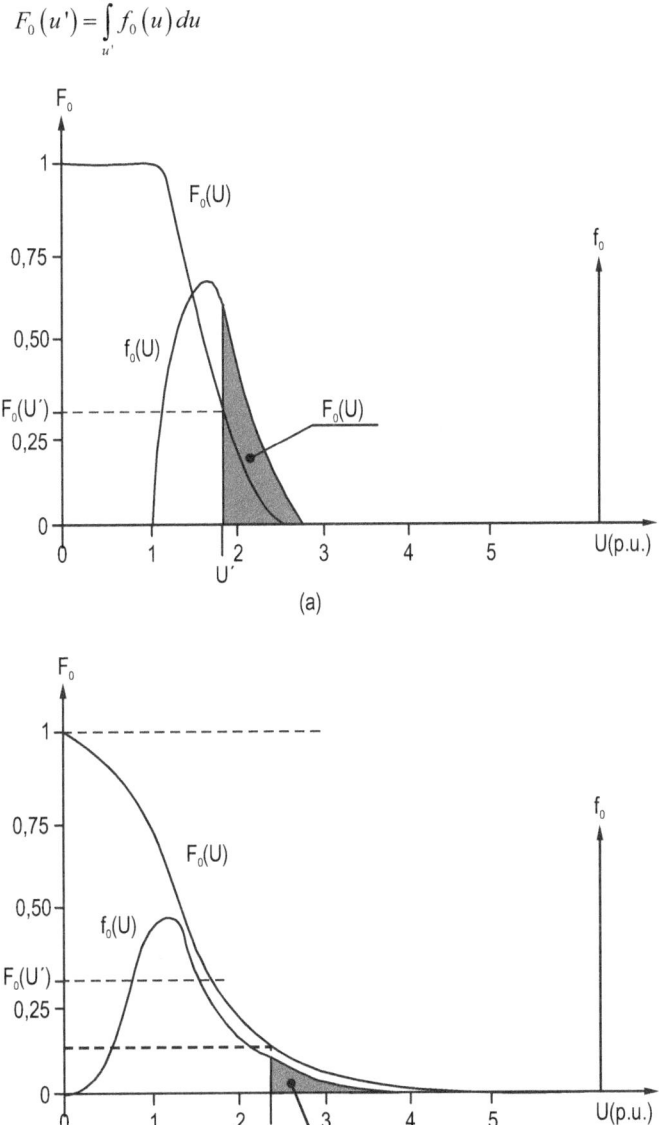

(a)

(b)

Figura 2-2   Sobretensiones

2.5. Determinación de la Tensión Resistida

En coordinación de la aislación, el concepto de tensión resistida es fundamenteal. Si este concepto pudiera ser definido como un valor preciso de tensión; cuando ese valor es exedido puede preveerse definidamente la ruptura de la aislación y si no es exedido puede ser el 100% segura. Además si la máxima sobretensión fuese igualmente bien conocida, la relación entre tensión resistida y máxima sobretensión resultaría fácil, con una simple elección de una adecuado factor de seguridad como cociente entre esos dos valores de tensión. Este método convenciónal es habitualmente usado pero no asegura un valor preciso de la tensión. Además, para la máxima sobretensión es necesario adoptar un gran factor de ignorancia, el cual hace muy costosa la instalación en extra alta tensión.

El nivel de tensión resistida es propiamente definido por medio de una estadística básica igual que la tensión al al cual la probabilidad de una descarga disruptiva se hace ciertamente de muy bajo valor. Este valor queda ligado de este modo con la tensión de descarga disruptiva. Combinando este concepto con la distribución estadística de sobretensiones se arriba al tratamiento probabilístico de fallas. Aproximaciones diferentes se usan para aislaciones autoregenerativas y no autoregenerativas.

2.6. Probabilidad de Descarga Disruptiva de una Aislación sometida a Impulsos de Tensión.

La capacidad de una aislación dada para soportar los esfuerzos dieléctricos creados por la aplicación de un impulso de forma dado y de valor de cresta U tiene, en la mayor parte de los casos, un carácter aleatorio, incluso si se supone que el intervalo de tiempo en que se realiza el ensayo dieléctrico es pequeño para que las condiciones ambientales, de aislación pueden considerarse constantes, al menos en la que respecta a los parámetros de presión, temperatura y humedad que pueden medirse y que sirven para definir las condiciones ambientales y de aislación durante los ensayos.

La probabilidad de descarga disruptiva de una aislación sometida a un impulso de tensión de forma y polaridad dada, y un valor de cresta U, considerada en un cierto intervalo de tiempo puede determinarse, si la aislación es autoregenerativa, aplicando el impulso U sucesivamente N veces en este intervalo de tiempo y contando el número N_1 de descargas.

El cociente $\dfrac{N_1}{N}$ proporciona un valor numérico de esta probabilidad, que será tanto más precisa cuando mayor sea el número N.

La tensión disruptiva de un conjunto de aparatos con aislación no autoregenerativa puede describirse estadisticamente con ayuda de una curva de distribución, que da la relación entre la amplitud de la tensión disruptiva y la fracción de la poblaciónde aparatos que no resisten esta tensión. Para determinar esta curva de distribución, debe efectuarse ensayos con tensiones de amplitud creciente hasta el cebado dobre una muestra de la población de aparatos.

La presición en la determinación de la curva irá en aumento si se acrecienta el número de aparatos de la muestra. Dado que una descarga disruptiva provoca generalmente la destrucción del aparato de ensayo, por razones económicas se limitará el número de aparatos de la muestra.

No se conoce un método para determianar la probabilidad de descarga disruptiva de un aparato único con aislación no autoregenrativa.

Si consideramos impulsos de maniobra o de origen atmosférico de diferentes valores de cresta U, podemos asociar a cada valor posible de U una posibilidad de descarga Pt y se define asi una función $Pt(U)$ para la aislación para una intervalo corto de tiempo Δt o más sencillamente t. Figura 2-3(a).

La probabilidad $Pt(U)$ crece desde una probabilidad cercana a cero hasta una probabilidad cercana al 100% en una banda estrecha de valores de tensión.

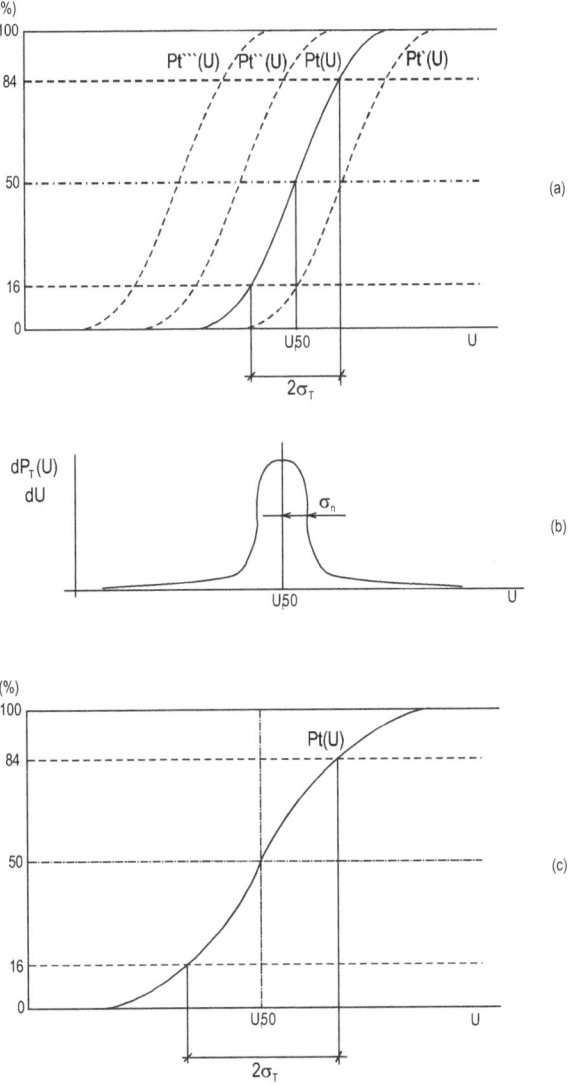

Figura 2-3   Probabilidad de descarga disruptiva de una aislación sometida a tensiones de impulso

Generalmete, en un laboratorio, el parámetro que define la posición de la curva de probabilidad se toma igual a la tensión U_{t50} que corresponde a la probabilidad de descarga o de tensión resistida del 50%. la desviación normal de la distribución (σ_t), que se define como la raiz cuadrada de la suma de los cuadrados de las desviaciones con relación a la media, es generalmente el parámetro elegido para expresar la dispersión. En el caso de una distribución gaussiana, corresponde a la mitad de la diferencia entre las tensiones que dan probabilidades de descarga del 16% al 84%.

En servicio no permanecen constantes las condiciones ambientales y de aislación. Por ello la curva de probabilidad de descarga, definida anteriormente en el tiempo t, varía de un momento a otro. Para la aislación externa, estas variaciones van unidas principalmente a las condiciones atmosféricas.

Como las condiciones ambientales y de aislación se consideran como aleatorias, será necesario considerar para cada aislación, además de la probabilidad $Pt(U)$, una probabilidad $PT(U)$ de descarga de la aislación a la sobretensiones de amplitud U suceptibles de producirse en un instante cualquiera a lo largo del tiempo de servicio T. esta segunda distribución es útil para los estudios de la aislación figura 2-3(c) como para $Pt(U)$, se puede definir $PT(U)$ por la tensión U_{t50} que corresponde a la probabilidad de descarga igual al 50%, por la desviación normal de la distribución σ_T.

Es conveniente definir la variación $Pt(U)$ en el interior del intervalo de tiempo ΔT por la densidad de probabilidad $Pn(U_{T50})$, donde U_{T50} se considera variable aleatoria.

La función densidad de probabilidad (Pn) deriva de la diferenciación de la ecuación general de lprobabilidad (Pt)

$$Pn = \frac{1}{\sqrt{2\pi}} e^{-\frac{1}{2}z^2}$$

$$z = \frac{u - \bar{u}}{\sigma_t}$$

La interpretación física de esta función es la siguiente:

La probabilidad de que una cantidad (u) tenga valores comprindidos entre u y $u + du$ viene dada por $Pn\,dz$ para abcisa z, e intervalo dz. Por la integración de $-\infty$ a z, se obtiene el área debajo de la curva donde se encuentra el valor $u_1(z_1)$. Graficando los valores de la integral se obtiene la frecuencia de distribución de $-\infty$ a $+\infty$ es la unidad o sea certeza absoluta . Figura 2-4.

Esta última función puede caracterizarse por la tensión disruptiva 50, U_{T50}, y por la desviación normal G_n.

Suponiendo para simplificar que la desviación normal σ_t de $Pt(u)$ es constante en el intervalo de tiempo ΔT, se tiene una relación:

$$\sigma_T = \sqrt{\sigma_t^2 + \sigma_n^2}$$

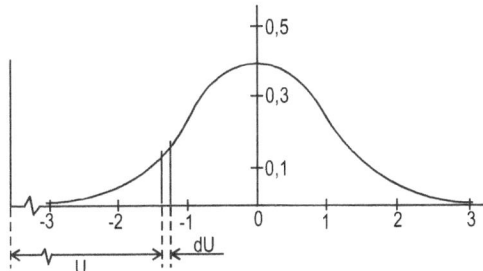

Figura 2-4. Función de densidad de Probabilidad

El parámetro que define la posición de la curva de probabilidad $P(u)$ se toma igual la tensión que corresponde a la probabilidad de una tensión resistida del 90% aunque la tensión disruptiva 50% es una medida conveniente para las partes aislantes que puedan estar sometidas a un ensayo de descarga disruptiva al 50%.

La razón de esta elección es que el ensayo de descarga disruptiva al 50% no puede realizarse en todos los tipos de aislaciones. Así, para tener los mismos valores de tensión resistida nominal a los impulsos para todos los aparatos, cualquiera sea su aislación, y para utilizar estos valores directamente en las definiciones de distribuciones estadísticas, se ha estimado que es más apropiado referirse a un valor más elevado (90%) de la probabilidad de tensión resistida nominal U_{RW} se toma igual al valor más pequeño admisible para la tensión estadística U_{t90} en las condiciones de ensayos especificadas.

Para la evaluación del riesgo de falla, es cómodo sin embargo expresar las curvas de probabilidad de descarga con la ayuda de la tensión disruptiva 50% y de la desviación normal.

Admitiendo que Pt sigue una ley de distribución gaussiana con una desviación normal igual a σ_t, la relación entre la tensión de descarga 50% y la tensión resistida estadística (ó 90%) viene dada por:

$$U_{t50} = \frac{U_{t90}}{1 - 1,3\,\sigma_t}$$

Donde σ_t depende de numerosos parámetros (la forma de onda, polaridad, naturaleza dieléctrica, etc.) y viene especificado por las normas correspondientes. Para equipos de la gama C y descarga en aire se toma igual a 0,03 o 0,06 según se trate de impulso de origen atmosférico o de maniobra.

La probabilidad de descarga $Pt(u)$ de un aparato puede definirse con la ayuda de la tensión disruptiva 50% y de su desviación normal, como sigue:

$$U_{t50} = \frac{U_{t90}}{1 - 1,3\,\sigma_t} \geq \frac{U_{RW}}{1 - 1,3\,\sigma_t}$$

La probabilidad de descarga Pt definida anteriormente se refiere a las condiciones de ensayo más severas para el aparato, puesto que U_{RW} es la tensión resultante nominal a los impulsos de maniobra o de origen atmosférico.

A título de indicación general la probabilidad $Pt(U)$ de un aparato puede definirse en función de su tensión d descarga 50% y de su desviación normal como sigue:

$$U_{t50} \geq k - \frac{U_{RW}}{1-1,3\,\sigma_T}$$

$$\sigma_T = \sqrt{\sigma_t^2 + \sigma_n^2}$$

donde k es la relación entre la tensión disruptiva 50% de un aparato dado en servicio durante el intervalo ΔT y la tensión disruptiva 50% en condiciones de ensayo más severas por el aparato (con tiempo seco o con lluvia, polaridad positiva o negativa).

Para los impulsos de maniobra de polaridad positiva, los valores de k y de σ_n relativos a los intervalos de tiempo ΔT presentan poca diferencia entre ellos, independientemente de que el tiempo sea bueno o malo, es decir que dependen poco de la contaminación atmosférica, mientras sea producida.

Para los impulsos de maniobra de polaridad negativa, los valores de k y σ_n dependen mucho de las condiciones ambientales durante el intervalo ΔT considerando la coincidencia del tiempo y de contaminación no despreciables conduce a valores pequeños de k. El mal tiempo provoca igualmente el aumento del valor de σ_n.

2.7. Determinación de la Tensión Resistida a Impulso

Para la aislación autorregenerativa, las características de impulso pueden ser determinadas por medio de la aplicación de un elevado número de impulsos con valores de cresta variables, cuya polaridad y forma de onda se mantienen constantes.

Un método consiste en aplicar 20 impulsos para cada valor de tensión de cresta, luego la tensión se incrementa en pequeños escalones. El número de descargas en cada nivel de tensión dividido el número de aplicaciones es aproximadamente la probabilidad de descarga (Pt) para ese caso particular de forma de onda de impulso, magnitud y polaridad. Para obtener el valor exacto se necesita un elevado número de aplicaciones.

Si la probabilidad de descarga es graficada en función de la tensión se obtiene como resultado la curva promedio de la frecuencia de distribución.

1-1'   Probabilidad de descarga disruptiva.

2-2'   Probabilidad de tensión resistida.

(a)   Escala lineal

(b)   Graficado sobre papel de probabilidad normal.

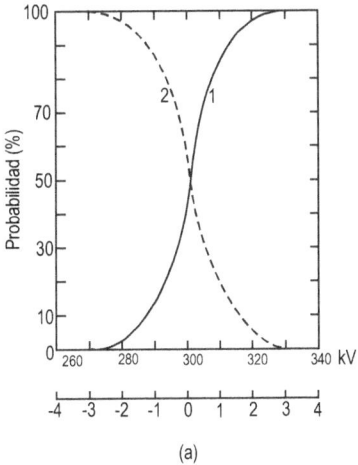 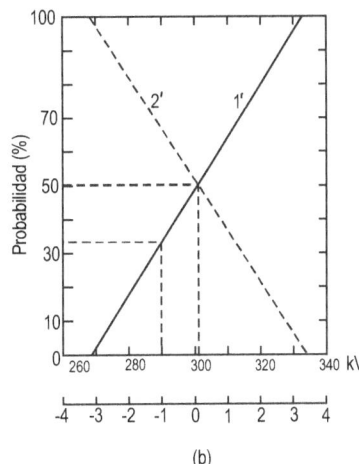

Figura 2-5. Función de distribución normal acumulativa

NOTA: La absisa puede estar en KV o en variable normalizada

$$z = \left(U - \overline{U}\right)$$

Si el gráfico está en escala lineal la distribución normal o gaussiana, figura 2-5(a) y si está en papel de probabilidad normal resulta una línea recta, figura 2-5(b).

El punto $Pt = 0,50$ fija la probabilidad de descarga disruptiva del 50% o tensión crítica de impulso para las diversas tensiones (U), pueden ser representadas por la ecuación siguiente en la cual se ha sustituido la variable (U) por la variable normalizada (z).

$$Pt = \int_{-\infty}^{z} \frac{1}{\sqrt{2\pi}} e^{-\frac{1}{2}z^2} dz$$

$$z = \frac{\left(U - \overline{U}\right)}{\sigma}$$

$$\overline{U} = \frac{\sum U}{n}$$

n = número de pruebas

$$\sigma = \sqrt{\frac{\sum \left(U - \overline{U}\right)^2}{n}}$$

La desviación normal σ es una medida de la disposición de observación de (U) alrededor de 1 valor medio de la tensión crítica $(\overline{U})$.

El valor $\dfrac{\sigma}{\overline{U}}$ es llamado coeficiente de variación.

La ventaja de la distribución normal es que la tensión crítica y la desviación normal es que la tensión crítica y la desviación normal son conocidas, y la probabilidad de descarga disruptiva puede ser estimada para las diversas tensiones. La tabla I suministra los valores numéricos más usuales.

Tabla I

z	-3,0	-2	-1,28	0	1,0	2,0	3,0
P	0,0013	0,023	0,10	0,159	0,841	0,977	0,9987

La tabla muestra que si la tensión es el doble de la desviación alrededor de la tensión crítica $(z = -2)$, la probabilidad de descarga disruptiva es $Pt = 0,023$ es de el 23% y la probabilidad de tensión resistida $1 - Pt = 0,977$ es decir el 97%. De esta manera el concepto de tensión resistida queda completamente claro. La Comisión Electrotécnica Internacional ha definido la probabilidad de tensión resistida de referencia y ha sugerido el valor numérico de 0,90 $(z = -1,28)$. Dado lo difícil que resulta obtener esta probabilidad y el elevado número de eventos que requiere se requiere obtener la tensión resistida a partir de la tensión crítica del 50% de la siguiente manera:

$$U_{WR} = U_{50} \cdot \frac{1}{1 - 1,28 \dfrac{\sigma}{\overline{U}}}$$

$U_{WR} =$ tensión resistida

$\dfrac{\sigma}{\overline{U}} =$ coeficiente de variación

En iguales casos se adopta un amplio margen entre tensión crítica y tensión resistida desde $z = -2$ a $z = -3$.

El coeficiente de variación para la aislación autorregenerativa a a ser usado cuando los detalles de la información no son eficientes son:

3%   para impulso atmosférico en seco y bajo lluvia y frecuencia industrial en seco.

6%   para impulso de maniobra en seco y bajo lluvia y frecuencia industrial bajo lluvia.

Aislaciones sólidas y líquidas con alto coeficiente de variación.

10%   para transformadores en aceite.

8%   para papel impregnado en resinas.

Tensión resistida y tensión disruptiva son mutuamente eventos exclusivos; sumado dan la totalidad de eventos del ensayo y luego sumando las probabilidades resulta la cuarta unidad. restando de la unidad la probabilidad de tensión de descarga resulta la probabilidad de tensión resistida $q = 1 - p$. La figura 22-6 representa la distribución de tensión resistida.

2.8. Tensión Resistida a Frecuencia Industrial y Corriente Continua

Para frecuencia industrial y corriente continua los ensayos descriptos anteriormente se modifican, La tensión es aplicada en forma levemente creciente hasta que se produzca la descarga, repitiéndose un número determinado de veces. La tensión crítica de contorneo es el valor medio de las tensiones medidas:

$$U_{cc} = \overline{U} = \sum \frac{U}{n}$$

La desviación se obtiene por al ecuación:

$$\sigma = \sqrt{\frac{\sum \left(U - \overline{U} \right)^2}{n-1}}$$

2.9. Influencia del medio ambiente

La rigidez dieléctrica de la aislación externa depende de la densidad relativa del aire, precipitación y contaminación. Esto parámetros están referidos a valores de atmósfera normalizados, temperatura $20^{\circ}C$, presión 1013 mb (760 $mm\ de\ Hg$) y humedad absoluta $11\frac{g}{m^3}$.

La tensión de descarga disruptiva se incrementa con la densidad del aire y con la humedad, la densidad del aire reduce el principal espacio de los portadores y la humedad reduce la movilidad de los portadores al ser capturados por las moléculas de agua.

La descarga disruptiva está referida a la atmósfera normalizada por el factor

$$\frac{k_d^m}{k_h^n}$$

$$k_d = \frac{0,289\ b}{273 + t}$$

$b =$ presión atmosférica en mb

$t =$ temperatura en $^{\circ}C$

El factor humedad k_h viene expresado en las gráficos y los exponentes m y n en las tablas. Dichos factores dependen del tipo y polaridad de la tensión y de la longitud del espacio disruptivo. El valor numérico lo establecen las normas y están en continua revisión de acuerdo a la nueva información obtenida.

La lluvia reduce la tensión de descarga disruptiva muy considerablemente para frecuencia industrial el impulso de maniobra y en forma leve para el impulso atmosférico.

Los valores de tensión para frecuencia industrial y para el impulso de maniobra son medidos bajo lluvia sobre la tensión crítica de descarga a frecuencia industrial en una cadena de aisladores vertical cuyo valor en seco es la unidad, se reduce a $0,8$ para lluvia de $1,5 \frac{mm}{min}$ y a $0,75$ para lluvia de $3 \frac{mm}{min}$.

La contaminación es causada por un gran número de agentes (polvo, cal, cemento, sal, humos, vapores, etc.) los cuales con la acción de la bruma, niebla y llovizna reducen la tensión de descarga a frecuencia industrial de la aislación de porcelana a la mitad y hasta a un cuarto, dependiendo del tipo de disposición, densidad del contaminante y frecuencia de las lluvias.

La degradación de una superficie por contaminación puede determinarse por medio de la resistividad superficial. La resistividad superficial de una superficie aislante puede ser determinada por la medición de la resistencia de fuga Rt entre dos electrodos de metal sobre el objeto a ensayar. La resistividad superficial se calcula a partir de esta resistencia y utilizando el factor de forma debido a la geometría de la superficie aislante.

En general, para obtener resultados coherentes, la tensión utilizada en la medición de la resistencia debe ser del orden $2 \frac{KV}{m}$ de línea de fuga.

La resistencia de fuga es deferida a $20°C$. El valor de la resistencia R_{20} a $20°C$ se puede determinar por medio del coeficiente α obtenido del gráfico de la figura 2(c)

$$R_{20} = \alpha\, Rt$$

R_{20} = resistencia a $20°C$

Rt = resistencia a $t\ °C$

La resistividad superficial se calcula por la fórmula:

$$\rho_{20} = \frac{R_{20}}{f}$$

donde

f = factor de forma de la linea de fuga

$$f = \int_0^{\ell} \frac{dx}{b(x)}$$

$\ell =$ longitud total de la línea de fuga

$dx =$ longitud de un elemento de la línea de fuga a la distancia x de la longitud de la línea, medida desde uno de los electrodos $(0 \le x \le \ell)$

$b(x) =$ longitud o perímetro de la circunsferencia del aislador a la distancia x

Resulta más simple usar la integración gráfica o por suma de elementos finitos.

La determinación de la resistividad superficial utilizando la resistencia y el factor de forma puede conducir a resultados incorrectos si la resistividad superficial no es razonablemente constante a lo largo del objeto en ensayo o de la parte medida.

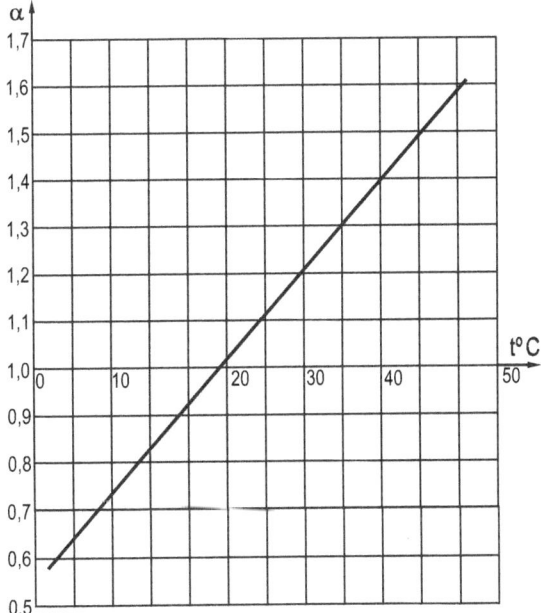

Figura 2-6.   Factor de corrección de temperatura para la resistividad de una solución de cloruro de sodio

2.10. Coordinación entre Solicitaciones y Valores Resistidos

El propósito de la coordinación de la aislación consiste en lograr la adecuación de las aislaciones de un sistema eléctrico a las solicitaciones que pueden ser impuestas por las tensiones aplicadas a aquellas durante el funcionamiento del sistema. Estas exigencias son debidas a la presencia permanente de la tensión de servicio y a las distintas solicitaciones a que el sistema puede verse expuesto.

Generalmente no se pretende que las aislaciones proyectadas tengan una uniforme probabilidad de soportar las exigencias previsibles. En la mayor parte de los casos, la coordinación de la aislación, conduce a establecer niveles interiores de tensión resistida en zona en las cuales la incidencia de una talla sobre el funcionamiento del sistema resulta menos grave que si la falla se produce en otras zonas.

2.10.1. Elección de la Tensión Resistida en la Gama de Tensión A

1. A frecuencia Industrial. La tabla II muestra los valores normalizados por la norma IRAM 2211, para las listas 1 y 2. Para cada tensión máxima de la red U_m, establece un solo valor de la tensión resistida nominal a frecuencia industrial.

2. A los Impulsos Atmosféricos. La tabla II de valores normalizados de la norma IRAM 2211 deja libre la elección entre dos tensiones resistidas nominales a los impulsos atmosféricos, correspondientes a la lista 1 y a la lista 2, respectivamente. Los valores reducidos de las tensiones resistidas nominales con impulso atmosférico de las lista 1, se han introducido con el propósito de ser considerados por las respectivas normas de los aparatos.

La elección entre la lista 1 y la lista 2 debe hacerse siguiendo las indicaciones relativas a las condiciones de empleo de material, de la siguiente forma:

    a.   Equipo no conectado a la línea aérea.
    b.   Equipo conectado a un línea aérea por medio de un transformador.
    c.   Equipo conectado a una línea aérea directamente o por intermedio de un cable.

A. *Equipo No Conectado a la Línea Aérea.*

Este equipo cubre el caso de instalaciones muy diversas, como ser extensos redes urbanos de cables subterráneos, instalaciones industriales, centrales e instalaciones en navíos. El equipo en estas condiciones, no está sometido a ninguna sobretensión de origen atmosférico, pero si a sobretensiones de maniobra.

Los equipos que responden a la lista 1 pueden ser utilizados en redes e instalaciones industriales no conectados a líneas aéreas cuando la puesta a tierra del neutro de la red es directa o a través de una impedancia de bajo valor comparado con el de la bobina de extensión, o cuando la puesta a tierra del neutro de la red se logra a través de una bobina de extinción. EN todos los demás casos deben utilizarse los equipos de la lista 2y en algunas excepciones, no es necesaria ninguna protección contra sobretensiones.

B. *Equipos Conectados a una Línea Aérea por medio de un Transformador.*

Los equipos conectados del lado de baja tensión de un transformador, cuyo lado de alta tensión está alimentado por una línea aérea, no está sometidos directamente a sobretensiones de origen atmosférico o de maniobra provenientes de una línea aérea. Sin embargo, a causa de la transferencia de dichas sobretensiones del arrollamiento de alta tensión al de baja tensión del transformado por vía electrostática y electromagnética los equipos pueden estar sometidos a sobretensiones que pueden sobrepasar la tensión resistida.

Para un transformador dado, las amplitudes y las formas de onda de estas sobretensiones transferidas dependen en gran parte de la naturaleza del circuito de baja tensión. Es por ello que conviene examinar la elección de la tensión resistida nominal a los impulsos atmosféricos de equipamiento y la elección de su protección, distinguiendo las categorías principales de la instalación 1 y 2.

CATEGORÍA 1

Equipos conectados por intermedio de transformadores a líneas aéreas de alta tensión, con conexiones de longitud moderada, de orden de 100 m, entre el lado de baja tensión del transformador y el equipamiento.

Los factores que provocan aumento de la amplitud de las sobretensión transferidas para estos equipamientos son:

1) Un transformador con gran relación de transformación y gran capacitancia entre arrollamientos.

2) Un transformador desconectado de su carga del lado de baja tensión.

3) Conexiones entre el transformador y el equipo asociado que presentan capacitancias pequeñas.

4) Un arrollamiento de alta tensión no puesto a tierra o cuyo centro de estrella está puesto a tierra por una reactancia grande.

5) Sobretensiones de frente escarpado y sobretensiones de larga duración.

6) Sobretensiones de maniobra debidas a la conexión de un transformador de un punto lejano en una red aérea.

CATEGORÍA 2: Instalaciones de generación.

Las recomendaciones relativas a la necesidad de protección contra las sobretensiones en las instalaciones de generación y una elección del tipo adecuado de aparatos de protección deben referirse únicamente a las sobretensiones de origen atmosférico, puesto que los estudios realizados no han mostrado casos más severos debido a la transmisión de sobretensiones de maniobra. El frente de una sobretensión de origen atmosférico o la caída brusca de tensión provocada por el corte de una onda puede transferirse capacitivamente y producir una sobretensión de corta duración. Esto es independientemente de la sobretensión de larga duración que se transfiere normalmente por el efecto combinado de los acoplamientos inductivo y capacitivo.

Los factores que tienden a reforzar la amplitud de las sobretensiones transferidas para este equipo son:

1) Una capacitancia elevada entre los arrollamientos del transformador.

2) Conexiones con pequeñas capacitancias entre el transformador y el generador.

3) Una relación de transformación elevada.

4) Un arrollamiento de baja tensión del transformador no conectado al generador.

5) Sobretensiones de frente escarpado o larga duración. Elección del Nivel de Aislación. La elección entre los equipos de la lista 1 o la lista 2, como la decisión relativa a la

colocación de una protección suplementaria contra las sobretensiones deben apoyarse en primer lugar sobre la experiencia obtenida en instalaciones análogas. Puede ser igualmente útil hacer mediciones en las instalaciones análogas existentes por inyección de impulso de baja tensión.

Elección del nivel de aislación

La elección entre los equipos de la lista 1 o la lista 2, como decisión relativa a la colocación de una sobreprotección suplementaria contra las sobretensiones deben apoyarse en primer lugar sobre la experiencia obtenida en instalaciones análogas por inyección de impulso de baja tensión.

C. *Equipos Conectados Directamente a una Línea Aérea*

Los equipos instalados en una subestación conectados directamente a una línea aérea están sometidos a sobretensiones de origen atmosférico directas o indirectas. Como norma general, se recomienda que estos equipos posean las tensiones resistidas nominales a los impulsos atmosféricos especificadas en la lista 2.

Todo el equipo y en particular los transformadores en tales situaciones necesitan una protección mediante descargadores o explosores. Teniendo en cuenta que la característica *tensión-tiempo* de cebado al impulso atmosférico del arrollamiento de un transformador es relativamente plana, se recomienda proteger los transformadores con descargadores de resistencia variable en la zona de actividad ceráunica intensa, cuando la actividad ceráunica de débil, se han mostrado eficaces los explosores de protección, en particular cuando el transformador está conectado a una línea cuyos herrajes están conectados a tierra o cuando el transformador está previsto para soportar ondas cortadas de frente escarpado.

En la zona de actividad ceráunica débil o moderada, pueden utilizarse equipos que posean las tensiones resistidas a los impulsos atmosféricos según la lista 1, pero en este caso, debe ponerse un cuidado especial en la correcta protección contra las tensiones.

D. *Equipos Conectados a una Línea por medio de un Cable Aislado.*

La coordinación de la aislación, en este caso, no se refiere solamente a la protección del equipo de la subestación, sino igualmente a la del cable.

Cuando una onda de origen atmosférico que se propaga sobre una línea aérea alcanzando un cable, se descompone en una onda reflejada y otra transmitida. La amplitud u_2 de la onda transmitida que se desplaza a lo largo del cable viene dada por:

$$u_2 = \frac{z_1 \cdot z_2}{z_1 + z_2} \cdot u_1$$

La amplitud u_R de la onda reflejada viene dada por:

$$u_R = \frac{z_2 - z_1}{z_1 + z_2} \cdot u_1$$

donde:

$u_1 =$ amplitud de la onda sobre la línea aérea.

$z_1 =$ impedancia de onda de la línea aérea, en la práctica del orden de los 400Ω a 500Ω.

$z_2 =$ impedancia de onda del cable; en la práctica de 25Ω a 50Ω, pero puede llegar a los 5Ω para ciertos tipos de cable.

La onda transmitida se refleja en la extremidad del cable del lado de la subestación en función de la impedancia de onda efectiva del juego de barras. Continúan así reflexiones sucesivas en las dos extremidades del cable, según las ecuaciones anteriores, en las que u_1 y z_1 son siempre relativas a la onda que llega al punto de reflexión u_2 y z_2 a la onda transmitida y u_R a la onda reflejada.

Basándose en la ecuación anterior, puede decidirse en el caso de una subestación a la que están conectados al menos dos cables, conviene utilizar el equipamiento que responda a la lista 1 d la tabla II, según la norma IRAM 2211; solo si es necesario se le agrega una protección contra las sobretensiones.

Sin embargo, en el caso de una subestación terminal, las amplitudes finales de las sobretensiones que aparecen en las extremidades de los cables, como consecuencia de las reflexiones sucesivas, son una función de la amplitud y de la duración de la sobretensión del impulso inicial en la línea, de la longitud del cable, y si la descarga está relativamente próxima al cable, igualmente de las reflexiones en el punto de impacto. En el caso de líneas cuyos herrajes están totalmente aislados, las sobretensiones son tan elevadas, que incluso con equipos de subestación cuyas tensiones resistidas a los impulsos atmosféricos sean de la lista 2, deben instalarse descargadores en la unión línea cable.

Para las líneas cuyos herrajes están puestos a tierra y alimentan un cable con un transformador terminal, la tensión de cebado al impulso a tierra de la aislación de la línea es un poco mayor que el valor establecido en la lista 2. En este caso, pueden ser necesarios los descargadores en la unión cable línea, y pueden igualmente ser necesario colocarlos en la extremidad del cable del lado de la subestación.

TABLA II. Niveles normalizados de aislación para $1\,KV \le U_m \le 36\,KV$

Posición	Tensión nominal entre fases. U_n	Tensión máxima para materiales y equipos. U_m (eficaces)	Tensión nominal resistida de impulso atmosférico (cresta)		Tensión nominal resistida a frecuencia industrial de corta duración (eficaces).
			Lista 1	Lista 2	
	KV	KV	KV	KV	KV
1	3,3	3,6	20	40	10
2	6,6	7,2	40	60	20
3	13,2	14,5	75	95	38
4	33	36	145	170	70

2.10.2. Elección de la Tensión Resistida en la Gama de Tensiones B

Tensión Resistida Nominal a Frecuencia Industrial y a los Impulsos Atmosféricos

Muchas de las consideraciones relativas a las tensiones de la gama A son igualmente cálidas para la gama B. Sin embargo, la diversidad de los equipamientos y de las situaciones no es tan grande como al gama A.

La tabla III muestra los valore normalizados de las tensiones resistidas según la norma IRAM 2211. Para cada calor de U_m se asocian de una a tres valores de la tensión resistida nominal, a cada uno de los cuales corresponde un solo valor de la tensión resistida nominal a frecuencia industrial.

La elección entre los valores posibles para U_m superiores a 72,5 KV debe tener en cuenta:

* Las condiciones de puesta a tierra del neutro.

* La existencia de dispositivos de protección, así como sus características y su distancia al equipo considerado.

TABLA III. Niveles de aisilación normalizados para $52\ KV \leq U_m \leq 300\ KV$

Posición	1	2	3	4	5
	Tensión nominal entre fases U_n	Tensión máxima para materiales y equipos (valor eficaz)	Base de valores por unidad (p,u) $U_m = \dfrac{\sqrt{2}}{\sqrt{3}}$ (valor cresta)	Tensión nominal resistida de impulsos atmosféricos. (valor cresta)	Tensión nominal resistida de corta duración a frecuencia industrial. (valor eficaz)
	KV	KV	KV	KV	KV
5	66	72,5	59	325	140
6	132	145	118	450 550 650	185 230 275
7	220	245	200	750 950 1050	325 395 460

2.10.3. Elección de la Tensión Resistida en la Gama de Tensiones C

1. Tensión Resistida Nominal a frecuencia Industrial y a las Sobretensiones Temporarias.
   Para esta gama de tensiones, los ensayos a frecuencia industrial deben ser especificados por la norma correspondiente teniendo en cuenta que las sobretensiones temporarias que se presentan entre fase y tierra no sobrepasan generalmente 1,5 p.u. durante 1s.

2. Determinación de la Aislación en Función de las Sobretensiones de Maniobra y de las Sobretensiones de origen Atmosférico.

La norma IRAM 2211 prescribe dos métodos para la coordinación de la aislación relativos a las sobretensiones de maniobra y a las sobretensiones de origen atmosférico: un método convencional y un método estadístico.

Metodo Convencional

El método convencional se basa en los conceptos de las sobretensiones máximas que se aplican sobre la aislación y de la tensión resistida mínima de la aislación.

TABLA IV. Niveles de aislación normalizados para $U_m \geq 300\ KV$

Posición	1	2	3	4	5	6	7
	Tensión nominal entre fases U_m (valor eficaz)	Tensión máxima para materiales y equipos U_m	Base de valores por unidad (p.u.) $U_m = \dfrac{\sqrt{2}}{\sqrt{3}}$ (valor cresta)	Tensión nominal resistida de impulsos de maniobra (valor cresta)		Relación entre tensiones resistidas de impulso atmosférico y de maniobra	Tensión nominal resistida de impulso atmosférico (valor cresta)
	KV	KV	KV	p.u.	KV		KV
8	330	362	296	2,85	850	1,12	950
						1,24	1050
				3,21	950	1,11	1050
						1,24	1175
						1,12	
9	500	525	429	2,45	1050	1,24	1300
						1,11	
				2,74	1075	1,36	1425
						1,21	
						1,32	1550

La tensión resistida mínima y la sobretensión máxima son un poco arbitrarias, puesto que no se puede seguir generalmente una regla estricta para la evaluación de los límites superior e inferior de la tensión resistida de la aislación y los valores de las sobretensiones, que son por naturaleza, variables aleatorias,

La elección de la aislación se hace de manera que haya un margen suficiente entre la tensión máxima y la tensión resistida mínima. Este margen se destina a cubrir las incertidumbres del proyectista en las evaluación de la tensión resistida mínima, pero no se pretende estimar cuantitativamente el riesgo de falla de la aislación.

Los niveles de aislación normalizados para tensiones mayores a 300 KV está consignados en la tabla IV.

Método Estadístico

El método estadístico sirve para evaluar el riesgo de falla para utilizarlo como índice de seguridad en la determinación de la aislación. La determinación de la aislación de una red de transmisión deberá fundarse en la búsqueda del mínimo de la suma del costo de inversión, del costo capitalizado de las fallas anuales, este último calculado mediante el producto del costo de una falla de aislación por el número anual medio probable de fallas de aislación.

Con el fin de evaluar este número anual medio probable de falla de una parte de la aislación situada en un punto de la red, como consecuencia de las sobretensiones, es preciso tomar en consideración las causas de sobretensiones de alguna importancia que pueden influir en el diseño de la aislación. A continuación es necesario conocer para cada tipo de causa considerada, la frecuencia de aparición anual y la distribución estadística de las amplitudes de las sobretensiones correspondientes.

El método estadístico considerado se limita esencialmente a controlar que el riesgo de falla de una aislación, debido a cualquier tipo previsible de causa de sobretensiones en la red, esté comprendido dentro de límites aceptables.

Esos límites dependen de la frecuencia de aparición del tipo de causas y las consecuencias de una falla en la zona de aislación considerada.

Afortunadamente, las diferentes clases de causas a tener en cuenta en la coordinación de la aislación son generalmente poco numerosas como para permitir un estudio analítico. Por ejemplo, solo las sobretensiones de reconexión son generalmente determinantes para la tensión resistida de la aislación a las sobretensiones de maniobra, en la mayor parte de los elementos aislantes de los equipos de una red.

Cuando se conocen las distribuciones de probabilidad de aparición de sobretensiones, provocadas por un cierto tipo de causa así como la tensión resistida correspondiente a la aislación, el riesgo de falla puede expresarse numéricamente como se indica a continuación.

Supongamos que también la tensión resistida de un elemento aislante dado, en un intervalo de tiempo dado ΔT, esté definida por la probabilidad $Pt(U)$ de descarga disruptiva de la aislación sometida a una sobretensión de valor U, figura 2-7. Supongamos además que la distribución de sobretensiones que sufre el mismo elemento aislante, para el tipo particular de causa considerada, esté definida por la densidad de probabilidad $f_0(U)$. La probabilidad de que pueda producirse, una sobretensión de valor comprendido en U' y $U'+dU$ es entonces $f_0(U')dU$.

La densidad de probabilidad de un defecto de la aislación causado por una sobretensión de valor U' es por consiguiente el producto de la densidad de probabilidad de aparición de una sobretensión de valor U', por la probabilidad de falla de la aislación sometida a una sobretensión de valor U'; se tiene entonces:

$$dR = f_0(U') \quad ; \quad Pt(U')dU \qquad [1]$$

La probabilidad de falla para una valor U tomado al azar, es decir, el riesgo de falla R para una causa del tipo considerado será entonces:

$$R = \int_0^\infty f_0 dU \quad ; \quad Pt(U')dU \qquad [2]$$

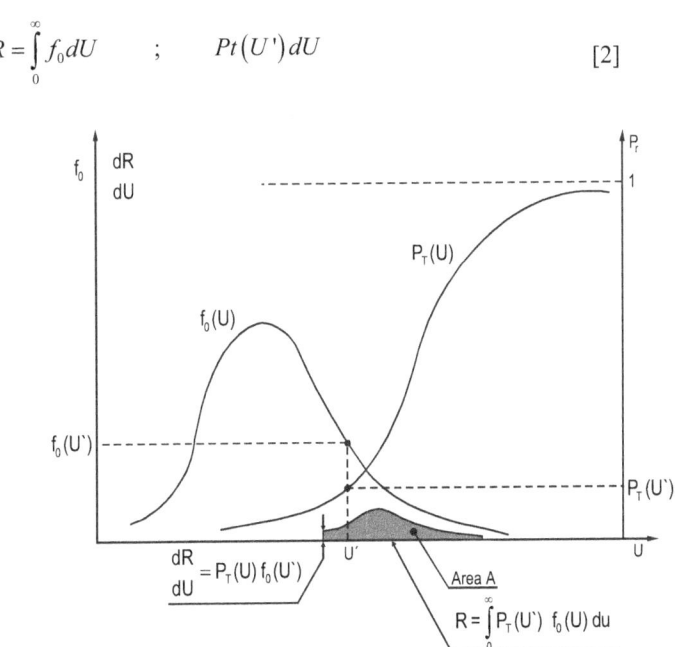

Figura 2-7. Evaluación del riesgo de falla de una aislación

Esta expresión define el principio general del método por el que puede estimarse la probabilidad de falla.

Dicho método supone que $f_0(U)$ y $Pt(U)$ no están correlacionados.

En principio, la fórmula (2) no se aplica más que a un elemento aislante monofásico. cuando varios elementos conectados en paralelo sobre la misma fase están sometidos a la misma sobretensión, se puede admitir que el riesgo global es igual al riesgo relativo de un solo elemento multiplicado por el número de elementos en paralelo.

A veces es necesario evaluar el riesgo de falla de una fase en una red trifásica, como consecuencia de una maniobra. Este riesgo puede obtenerse multiplicando por tres el riesgo evaluado por la fórmula (2) si se admite que la densidad de probabilidad de sobretensiones $f_0(U)$ es la misma para las tres fases.

Otro método consiste en calcular la densidad de probabilidad de sobretensiones $f_0(U)$ tomando solamente el valor más elevado de las sobretensiones provocadas en las tres fases por una maniobra de cierre. El riego de falla se calcula mediante la fórmula (2), la primera aproximación suministra valores del riesgo por exceso, la segunda por defecto. Las dos aproximaciones dan resultados cuyo cociente es inferior a tres. El método matemático empleado para calcular la severidad de una sobretensión en la fórmula (2) supone algunas simplificaciones basadas en la hipótesis siguiente:

a. Se consideran despreciables todas la crestas de cada onda de sobretensión, excepto la mayor.

b. La forma de onda de todos los impulsos atmosféricos y de todos los impulsos de maniobra que pertenecen a la distribución definida por $f_0(U)$ se suponen idénticas a la forma de onda de la sobretensión mayor.

c. Las crestas más elevadas de las sobretensiones se suponen todas de la misma polaridad aunque en la realidad debido a las maniobras, puede suponerse un reparto equilibrado entre ambas polaridades. Esta hipótesis, que conduce a calcular un riego mayor que el riesgo real, permite tener en cuenta todas las aislaciones, cualesquiera que sean sus diferencias de comportamiento entre las dos polaridades para las sobretensiones de maniobra, que son las sobretensiones transitorias de importancia preponderantes en la concepción de la aislación de redes de muy alta tensión, la hipótesis (c) conduce a un riesgo de falla mayor que el real.

La precisión del cálculo de falla depende en gran medida de la precisión con que se determinan las sobretensiones y la probabilidad de descarga disruptiva de la aislación.

Como esta precisión es pocas veces satisfactoria, la precisión del riesgo de falla de la aislación que se deduce es a menudo escasa. Sin embargo, el riesgo de falla posee un sentido físico preciso. Mediante el empleo de métodos estadísticos, es por consiguiente posible coordinar los niveles de seguridad de las distintas partes de la red según las consecuencias de la falla.

2.11. Bibliografía

▪ Heller, B et Veverka A. *Les Phénomenes de choc dan les Machines Electriques*. Ed. Dunod.

▪ Instituto Argentino de Racionalización de Materiales. *Norma IRAM 2211*.

▪ International Electrotecnical Comision. *Recomendación IEC 60*.

▪ Diesondordt. W. *Insulation co-ordination in High Voltage Electric Power Sistems*. Ed. Butter Worths.

▪ F de la C. Chard. *Electricity Supply*. Ed. Longmand.

3

Protección contra sobretensiones

3.1. Conceptos generales

La protección contra sobretensiones tiene por objeto preservar los elementos que constituyen los sistemas eléctricos de la acción perjudicial de las sobretensiones que pueden aparecer durante el servicio. Las más importantes causas de sobretensiones, así como las características de los principales tipos de sobretensiones, se han estudiado en el primer capítulo.

Cuando se produce una sobretensión, hay que reducirla hasta un valor no peligroso para los elementos de la instalación. Este valor podrá alcanzar, como máximo, el valor de la tensión de prueba. Cuando hay aparatos con distintas tensiones de prueba, debe adoptarse como punto de referencia el valor de la tensión de prueba mas baja.

Por lo tanto, un dispositivo protector contra sobretensiones es tanto mejor cuanto menor es la tensión límite que provoca su actuación. Además del valor de la tensión límite, también es importante la denominada tensión de respuesta que es la tensión bajo la cual comienza a actuar la protección.

Se debe distinguir la tensión alterna de respuesta U_0 de la tensión de impulso de 50%, que indicaremos por $U_{i\min}$, siendo esta última el valor de la tensión para la cual el 50% de las ondas de tensión de impulso de igual valor, provocan la respuesta del dispositivo protector. Hay que remarcar que para U_0 debe operarse con valores máximos o amplitud.

Se denomina factor de impulso a la relación

$$f_{im} = \frac{U_{i\min}}{U_0}$$

Este factor tiene mucha importancia para la determinación de los dispositivos de protección.

Por una parte, la tensión de respuesta de los dispositivos de protección no debe exceder mucho de la tensión nominal, por la otra, deben evitarse perturbaciones intempestivas en al red, por causa de sobretensiones de muy corta duración. En las ondas de sobretensión, entre la incidencia de la onda y al caída de esa onda al producirse la descarga superficial, transcurre un tiempo del orden de algunos microsegundos, que se denomina tiempo disruptivo. Este tiempo es diferente para los distintos aparatos y depende de al amplitud o, en otros casos, de la pendiente de la onda de tensión incidente. La descarga superficial puede producirse en el frente de la onda, en el valor máximo de la onda, o en la cola de la misma. Ver fig.3-1

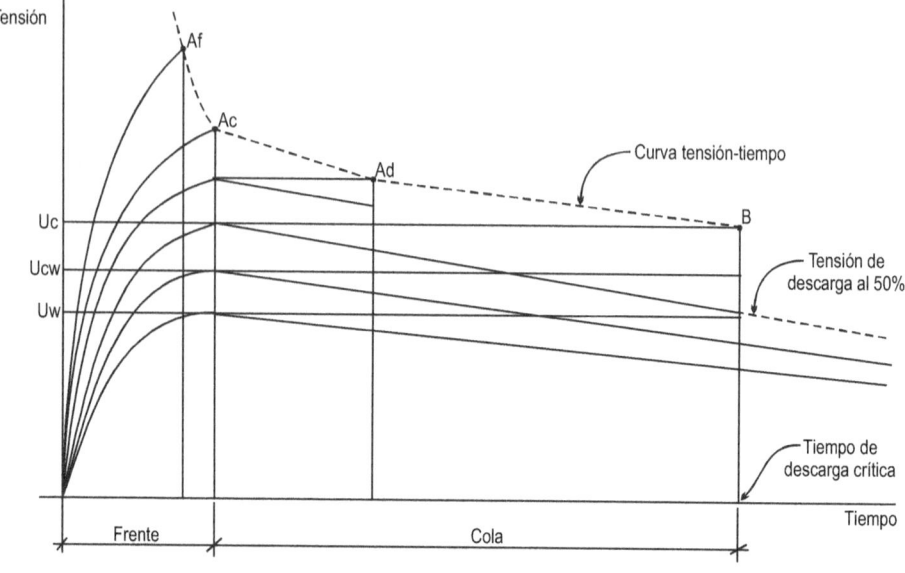

Af: descarga sobre el frente
Ac: descarga sobre la cresta
Ad: descarga sobre la cola
Uc: tensión crítica de descarga
Ucw: tensión crítica resistida
Uw: tensión resistida

Figura 3-1. Modalidad de la característica tensión tiempo de descarga.

Se denomina característica de impulso a la dependencia entre al amplitud de la onda y el tiempo de descarga superficial. Esta característica de impulso se convierte en horizontal en el punto B de la fig.3-1 en la que coincide con la tensión de descarga crítica. De aquí se deduce una nueva condición para los dispositivos de protección contra sobretensiones. que es su características de impulso estén por debajo de las características de impulso de los elementos de la instalación que debe protegerse.

El concepto en que se basa la coordinación de la aislación y de las protecciones viene ilustrado en el gráfico de la fig.3-2, en el cual la curva A representa la característica tensión de descarga tiempo de un transformador mientras que la curva B representa la característica de la protección en función del tiempo para el dispositivo de protección respectivo.

Del análisis del gráfico se deduce que la curva A es protegida de la curva B, mientras el margen de seguridad entre las dos curvas sea suficiente para garantizar la aislación a los bornes del transformador, en caso de variaciones en el andamiento de la curva a los efectos relacionados con las conexiones.

El nivel de aislación a impulso puede ser definido como el valor de la tensión de impulso que el transformador está en condiciones de soportar sin daños, mientras el nivel de protección puede definirse como la máxima tensión que puede verificarse a los bornes del dispositivo de protección.

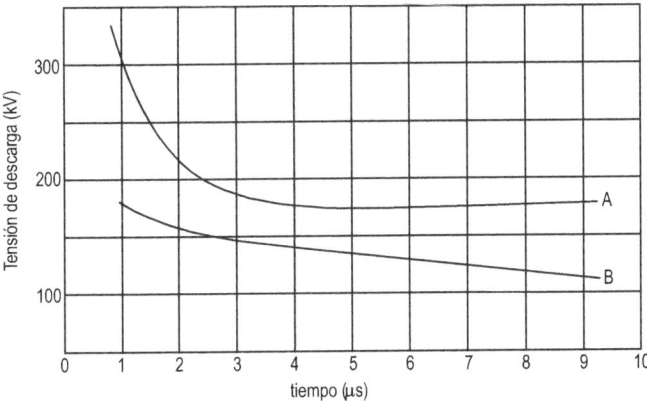

Figura 3-2. Característica de tensión descarga tiempo de un transformador de tensión nominal de 20kV y de un dispositivo de protección.

La definición de los conceptos supone una ulterior consideración que resguarda el valor del nivel de aislación de una red, porque es evidente que debe ser asumido, a los fines de la selección de la protección, por el menor de los equipos instalado en la misma red un valor igual del nivel de aislación.

Resulta interesante para la solución de los problemas expuestos, la representación de la característica *tensión-tiempo* de descarga, relativa al material aislante usado comúnmente, sintetizada en un gráfico en el cual se presenta el valor de la tensión de cresta en función del tiempo de descarga para una serie de impulsos de forma determinada.

El andamiento de la característica *tensión-tiempo* es función del tipo de aislante y de la forma de los electrodos del dispositivo de protección.

A título de ejemplo esta característica es representada en la fig.3-3 en la cual puede observarse las curvas relativas al transformador, al explosor y al descargado de resistencia no lineal.

De la figura se puede relevar que el explosor de astas constituye una protección adecuada para tiempos mas largos, mientras para ondas de impulso con frente inferior a $2\mu s$, su acción no es suficiente para proteger al equipo.

Los criterios de las protecciones contra las sobretensiones son complejos dado que para obtener un elevado grado de protección hay que considerar el factor económico, porque el costo de los dispositivos necesarios no puede superar los valores límites impuestos por el equipo a proteger.

En la práctica, el costo de la protección no debe tener en cuenta solo el valor del equipo a proteger sino comparado con otros factores como ser la continuidad del servicio, la cual merece un análisis mas generalizado.

En la selección de una protección lo primero que se hace es elegir el nivel mínimo de aislación considerando que la tensión de impulso tendrá una semi-amplitud de $50\mu s$: Además la experiencia permite considerar que la mayor parte de las veces la tensión de descarga superficial de estas ondas difiere un poco de la tensión de respuesta de impulso del 50%. Por lo tanto, parece justificado basar la coordinación de la aislación en este valor de tensión de impulso.

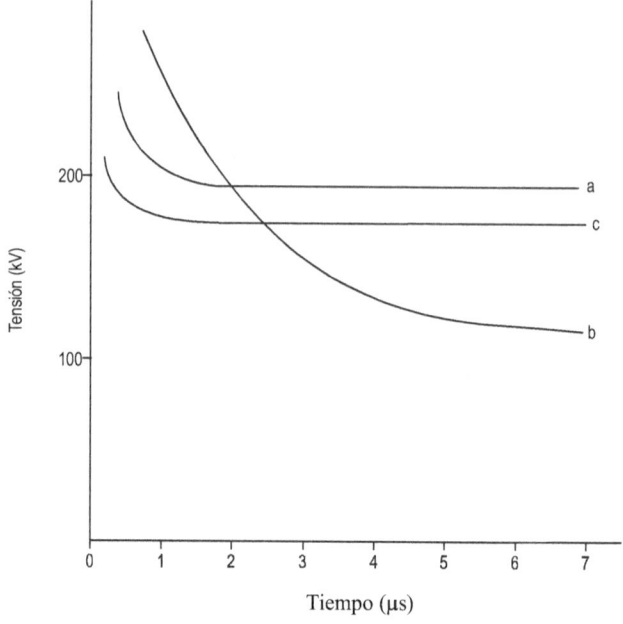

a) Transformador. b) Explosor de astas. c) descargador de resistencia no lineal

Figura 3-3. Característica tensión de *descarga-tiempo*

Para localizar las inevitables descargas superficiales o contorneamientos en los puntos donde se produzcan los menores daños, bastará contar con dos niveles de aislación, uno para el material y otro inferior, para uno o varios lugares donde se ha previsto que se produzca la descarga superficial. Sin embargo, este sistema de coordinación no es eficiente, ya que no admite reservas de seguridad y si, por cualquier causa, fallara el dispositivo de protección, la descarga se produciría en el mismo material provocando grandes daños.

Por lo tanto, parece lógico, establecer un nivel intermedio de aislación que actúe de reserva, en caso de falla de la protección contra sobretensión.

En un transformador, por ejemplo, es preferible la descarga superficial en un aislador a que se produzca una perforación en los devanados del transformador. Por lo tanto este nivel intermedio se establecerá en la parte exterior de las máquinas y aparatos, es decir, fundamentalmente en los aisladores pasatapas.

De esta forma la aislación presentará tres niveles de aislación, figura 3-4.a Las descargas superficiales se producirán primeramente en los puntos destinados a propósito para este fin, es decir en los descargadores, que constituyen el mas bajo nivel de aislación de la instalación. Si este nivel inferior no funciona se producirán descargas superficiales en cualquier parte de la instalación cuya aislación sea de nivel medio, quedando protegidas las partes interiores de las maquinas, transformadores y aparatos que constituyen el nivel máximo de aislación.

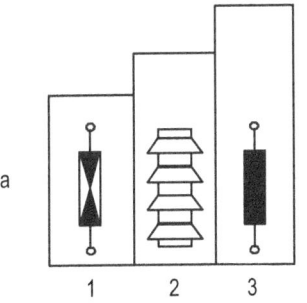
a

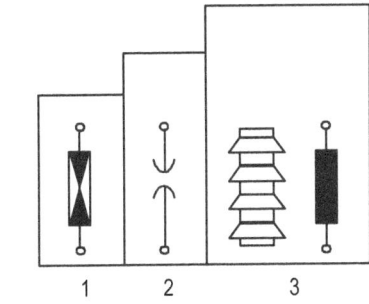
b

Figura3-4. Disposición esquemática de la coordinación de los elementos que constituyen una estación transformadora.

a) Coordinación interior	b) Coordinación exterior
1 descargador	1 descargador
2 aislación exterior	2 explosor de protección
3 aislación interior	3 aislación interior y exterior

Resumiendo, los tres niveles de aislamiento están constituidos de la siguiente manera:

Nivel mínimo: descargadores, explosores de protección

Nivel medio: aisladores, distancias libres de aire

Nivel máximo: aislantes sólidos y líquidos en el interior de transformadores y aparatos, distancias entre conductos abiertos y entre diferentes fases de aparatos de corte, etc.

También se utiliza otra forma de coordinar el aislamiento, representada en la fig.3-4.b con tres niveles y que consiste en establecer dos grados de protección contra sobretensiones y uno solo de aislación de las máquinas y aparatos, de forma que resulta posible la perforación interior antes que se produzca la descarga superficial en el aislamiento exterior. para compensar este efecto se disponen en algunas partes de la instalación aparatos de protección contra sobretensiones en un nivel de seguridad.

En la práctica, la característica de la tensión de descarga en función del tiempo no es una línea curva sino una banda, tanto en los materiales como en los dispositivos de protección. Esto es debido a la dispersión de los valores que se registran de la tensión media.

Por motivos económicos en la coordinación de la aislación, la tensión resistida se hace lo mas baja posible. En consecuencia, el margen entre la tensión resistida y la tensión de descarga mínima de los dispositivos de protección resulta estrecho. En el sistema de coordinación de tres niveles resulta difícil lograr que las bandas no se superpongan por los motivos expuestos.

Los dispositivos de protección modernos presentan un nivel de seguridad de funcionamiento que permite evitar el nivel intermedio en el escalonamiento.

Por la razones señaladas, en muchos casos, se implementa el sistema de dos niveles de coordinación de la aislación.

3.2. Dispositivos de Protección

La protección de las máquinas y equipos instalados en una estación contra las sobretensiones debe ser diseñadas de forma que respondan a dos requisitos esenciales.

- Prever un elevado grado de seguridad funcional.

- Costo económico relativamente bajo.

El problema puede ser abordado por el proyectista siguiendo diversos criterios así resumidos:

a. Protección de la línea mediante el empleo de hilos guardia para eliminar el riesgo de descarga directa sobre los conductores de fase, dado que estas descargas son las más peligrosas.

b. Prevenir los arcos de contorneo inverso debido a las descargas indirectas reduciendo el valor de las impedancias de las estructuras soporte y especialmente reduciendo la resistencia de puesta a tierra.

c. Emplear dispositivos capaces de modificar las características de la sobretensión en su amplitud y sobretodo en su forma de onda. Estos dispositivos se colocan en serie con el conductor de la línea y están formados por bobinas de autoinducción en el cable o por los mismos aparatos que modifican y absorben los efectos de las sobretensiones, figura 3-5.

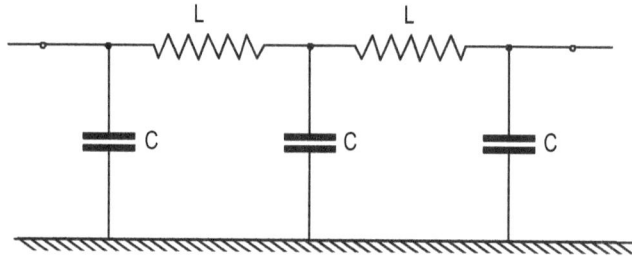

Figura 3-5. Esquema de un dispositivo capaz de modificar las características de las ondas de sobretensiones

d. Emplear descargadores de sobretensión, colocando estos dispositivos entre el conductor de fase y la tierra, es decir en paralelo con los aparatos que deben protegerse. Los descargadores tienen la función de intervenir, derivando a tierra la corriente ligada a la sobretensión cuando esta supera el límite bien determinado, que se elige, normalmente, entorno al nivel de aislación a impulso del equipo.

Los criterios expuestos pueden ser considerados de actuación y simultáneamente como la forma de obtener una protección tanto más completa cuanto mayor sea el costo de las máquinas a proteger y más importante resulte la continuidad del servicio a mantener. En resumen, un dispositivo de protección contra sobretensiones, debe cumplir las siguientes condiciones:

1. No actuar por cualquier valor de la tensión nominal y comportarse como un aislador frente a las sobretensiones de origen interno.

2. Actuar con alta velocidad de respuesta frente a las solicitaciones de una sobretensión de origen atmosférico cuyo valor supere los niveles de protección a impulso.

3. Presentar una característica de impulso situada por debajo de todas las características de impulso de los elementos que ha de proteger.

4. Soportar sin daños la corriente de descarga manteniendo el valor de la tensión restante a los bornes del aparato dentro de los límites definidos en el nivel de protección.

5. Cortar en el menor tiempo posible la corriente de frecuencia industrial que atraviesa el descargar luego del inicio de las descarga, apenas la sobretensión cae por debajo del niveles de aislación.

Los dispositivos de protección pueden agruparse de la siguiente forma:

- Explosores.
- Descargadores de resistencia no lineal.
- Descargadores a expulsión.

Resulta necesario realizar una descripción de los descargadores y analizar los principios de funcionamiento.

3.2.1. Explosores

Las formas simples que pueden tener una protección de sobretensión es la de un explosor o descargador de cuernos, en los cuales los electrodos están constituidos por dos varillas de hierro zincado cuyos extremos están colocados a una fase de la línea a tierra.

El elemento aislante interpuesto entre las puntas libres de los dos electrodos es el aire y la distancia entre ellos es la distancia explosiva. Estos descargadores se instalan directamente sobre los aisladores de soporte de la línea o sobre los pasa tapas de los transformadores, figura 3-6.

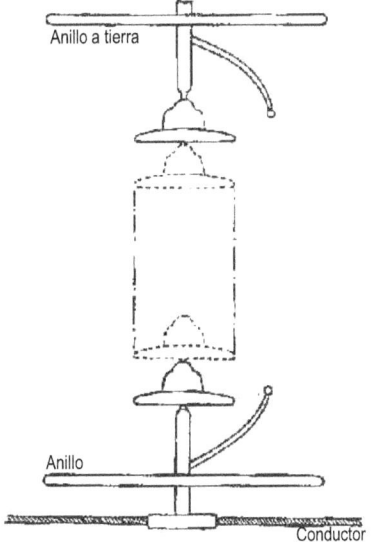
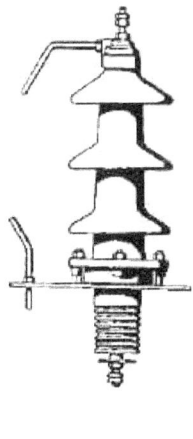

Figura 3-6. Descargador de cuernos. a) Montado sobre una cadena de aisladores. b) Montado sobre un aislador pasatapa de un transformador.

Las formas de los descargadores debe ser tal que se mantenga entre las puntas espinterométricas una distancia no menor de la mitad de la calculada en relación al valor de la sobretensión.

La barra de hierro usada para la construcción del descargador debe tener un diámetro no menor de 10 mm. de manera de poder soportar sin daño la corriente de descarga.

La tensión de descarga de los descargadores de cuernos depende de la distancia entre electrodos, del tipo de tensión (frecuencia industrial o impulso), de la forma de onda de la tensión y también tienen una sensible influencia las condiciones atmosféricas.

Para que los resultados sean comparables se han normalizado las condiciones atmosféricas en los siguientes valores:

- Temperatura: 20°C
- Presión: 760 mm. de Hg o 1013 milibares
- Humedad: 68%.

En la figura 3-7 se han representado las gráficas que indican el valor de la tensión de cebado a impulso para diferentes valores de la distancia explosiva. Como puede observarse el comportamiento de los descargadores de cuernos depende del tiempo de corte y de la polaridad de la onda de impulso.

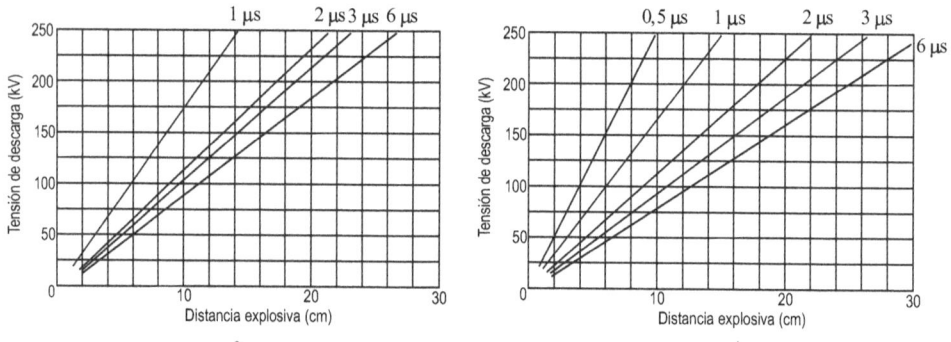

a) Onda de polaridad positiva. b) Onda de polaridad negativa.

Figura 3-7. Tensiones de cebado de un descargador de cuernos en función de la distancia explosiva para diferentes valores de tiempo de descarga.

La figura 3-8 muestra un diagrama indicativo para condiciones atmosféricas normales, los valores de la tensión de descarga en función de la distancia explosiva para el caso de frecuencia y de impulso al 50%.

De lo expuesto se puede obtener la conclusión que la característica *tensión–tiempo* relativa a los descargadores de cuernos debe ser considerada como una banda de dispersión para las dos polaridades como indica la figura 3-9.

Los tipos de descargadores analizado, no están capacitados para interrumpir el arco producido entre las puntas, una vez que la sobretensión ha cesado. El cortocircuito provocado debe ser extinguido por las protecciones de sobre corrientes mediante la interrupción del suministro de energía. Para los aparatos protegidos puede resultar muy peligroso el corte de la onda de sobretensión provocado por el descargador de cuernos.

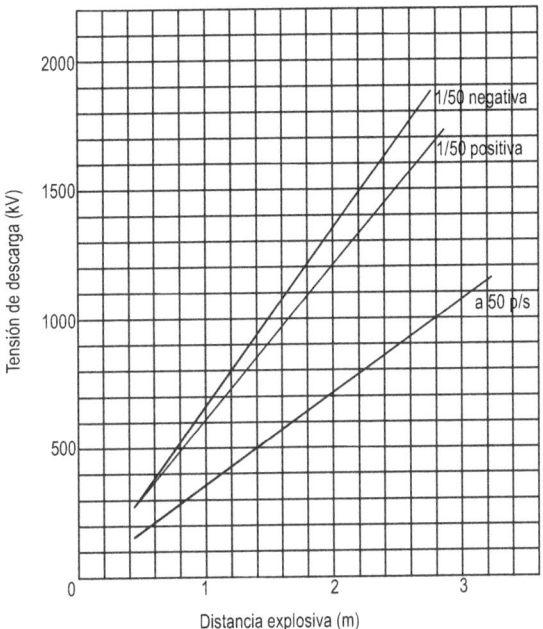

Figura 3-8. Tensiones de cebado de un descargador de cuernos en función de la distancia explosiva para tensiones de frecuencia industrial y de impulso (descarga 50%).

La instalación de estos descargadores se justifica en los aisladores de línea y en los transformadores como medida de emergencia.

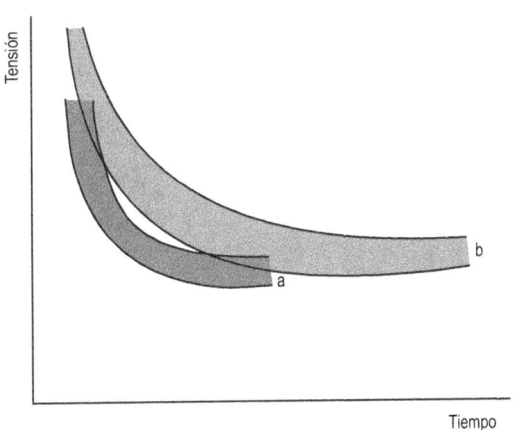

a) Onda de polaridad positiva. b) Onda de polaridad negativa.

Figura 3-9. Representación esquemática del comportamiento de un descargador.

3.2.2. Descargadores de Resistencia no Lineal.

Uno de los elementos fundamentales que constituyen estos descargadores son las resistencias de características no lineales o resistencias variables. Los materiales que constituyen estas resistencias son el carburo de silicio y el óxido de zinc. De acuerdo al material de las resistencia surgen el descargador de carburo de silicio y el de óxido de zinc-

El descargador de carburo de silicio está compuesto por un elemento llamado comúnmente válvula, el cual está protegido de la aplicación continua de la tensión del sistema por una serie de explosores, los que actúan como aisladores durante la operación normal del sistema a la tensión nominal de red. En los descargadores de óxido de zinc o de óxido metálico, es el bloque de óxido de zinc que aísla al descargador de tierra.

a) *Descargadores de Carburo de Silicio.*

Estos descargadores están compuestos básicamente por los siguientes elementos:

    1.   Explosores.

    2.   Resistencias no lineales en serie.

El número de explosores depende de la tensión de cebado y de la tensión nominal de funcionamiento, figura 3-10.

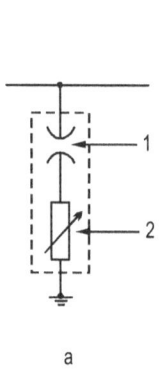

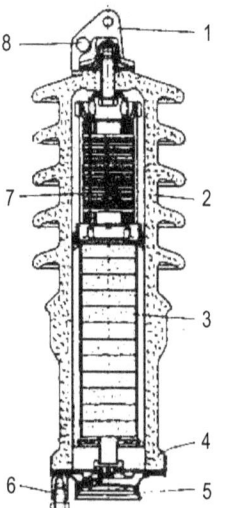

a) Esquema básico. 1.- Explosor de cebado y extinción. 2.- Resistencia variable.
b) Corte longitudinal. 1.- Pieza de conexión. 2.- Aislador. 3.- Discos de resistencia. 4.- Membrana de sobrepresión. 5.- Casquete protector. 6.- Toma de tierra. 7.- Explosores. 8.- Conexión de tierra

Figura 3-10 Descargador de carburo de silicio

Los explosores están ajustados para que la descarga se produzca entre los electrodos a una tensión denominada tensión de cebado, los que establece la conexión a tierra a través de las resistencias. Después de la disminución del valor de la sobretensión, los explosores suprimen, a su próximo paso por cero, la corriente de red que se establece a la tensión de servicio pero cuya intensidad está limitada por la resistencia.

La resistencia está conformada por una material aglomerado que tiene la propiedad de variar su resistencia con rapidez disminuyendo cuanto mayor es la tensión aplicada y adquiriendo un valor elevado cuando la tensión es reducida o sea que tiene una característica eléctrica muy adecuada para el funcionamiento del descargador ya que a la tensión de servicio opone una resistencia elevada al paso de la corriente mientras que en caso de sobretensión permite su fácil descarga a tierra con su consiguiente eliminación.

En resumen los explosores cumplen las siguientes funciones:

1. Constituir un espacio aislante para el valor de la tensión de red.

2. Iniciar el arco en el momento que la sobretensión se presenta a los bornes del descargador.

3. Cortar el arco en el momento que la sobretensión ha desaparecido y en el primer paso por cero de la corriente de frecuencia industrial que atraviesa el descargador.

En los descargadores más modernos estas funciones están encomendadas a dos explosores conectados en serie y denominados explosor de cebado y explosor de extinción, figura 3-11.

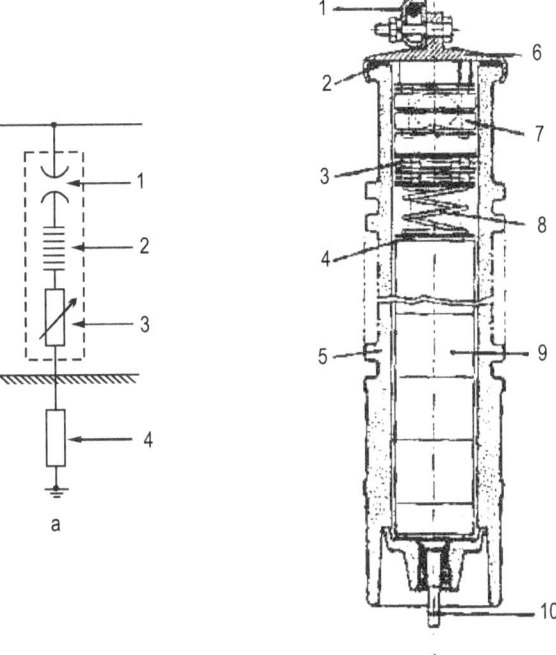

a) Esquema básico. 1. Explosor de cebado. 2. Resistencia de extinción. 3. Resistencia variable. 4. Resistencia de puesta a tierra.
b) Corte longitudinal. 1. Borne de fijación. 2. Junta estanca. 3. Explosor de extinción. 4. Placa de contacto. 5. Aislador. 6. Caperuza de aluminio. 7. Explosor de aislamiento. 8. Resorte de contacto. 9. Bloque de resistencias variables. 10. Conexión a tierra eyectable.

Figura 3-11.   Descargador de resistencia no lineal moderno

El explosor de cebado aísla de la línea los elementos del descargador para tensiones normales de servicio, pero se ceba cuando aparece una sobretensión que supera cierto nivel. Se lo suele denominar también explosor de aislamiento. El explosor de extinción, está formado por una serie de explosores, cuya separación entre electrodos está mantenida por anillos aislantes, tiene como misión interrumpir la corriente de fuga en su primer paso por cero cerrando el camino conductor abierto por la corriente de descarga.

El bloque de resistencias variable tiene una característica *tensión-corriente*, no lineal y se comporta como una resistencia de pequeño valor cuando es recorrida por una corriente elevada, limitando de esta forma la caída de tensión en los bornes del descargador durante la descarga. Por el contrario, esta resistencia es más elevada para la corriente de fuga, que es mucho más pequeña, cuyo valor limita a una valor moderado, fácilmente cortado por el explosor de extinción.

Las resistencias no lineales están formadas por una material a base de carburo de silicio (SIC) compuesto al que se le da el nombre de *carborundum*.

El material se obtiene mediante al fusión en hornos a 2000°C aproximadamente, lográndose así un producto cristalizado que, según las sustancias que intervienen durante la fusión (cuarzo, coke, etc.) toma una coloración variable que va desde el verde al negro. Los cristales así obtenidos son fragmentados y reducidos a polvo muy fino y sucesivamente aglomerados en lingotes especiales, luego se los comprime dándoles la forma definitiva y finalmente cocidos para que se endurezcan.

En los descargadores aptos para tensiones más elevadas se colocan en serie varios de estos bloques cilíndricos.

Consideremos ahora cuales deberían ser las funciones de una resistencia del tipo no lineal. Esta debe presentar una valor de resistencia infinito hasta un cierto valor de la tensión, y cuando ese valor es superado debe asumir un comportamiento inversamente proporcional a la corriente que la atraviesa como lo muestra la curva *a* de la figura 3-12.

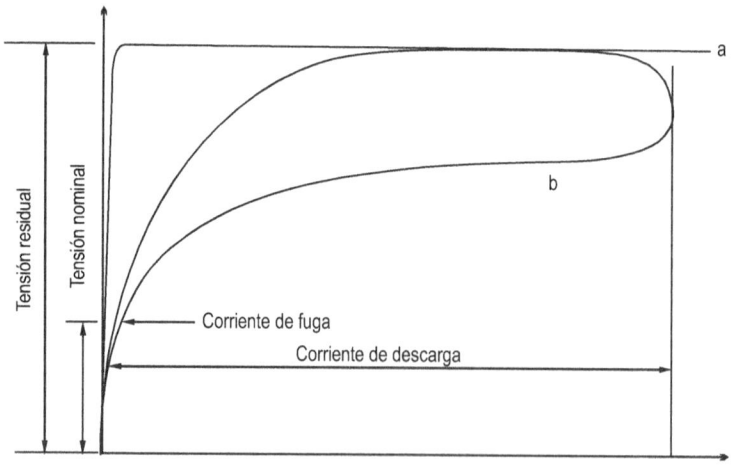

a) Descargador ideal. b) Descargador con resistencia de carburo silicio.

Figura .3-12.   Curva característica *tensión-corriente* de un descargador de resistencia no lineal.

Naturalmente este comportamiento no puede ser obtenido en la práctica y la característica *tensión-corriente* de una resistencia no lineal, a base de *carborundum*, asume el andar indicado en la curva *b*.

El comportamiento de la curva varía en las dos fases de aumento y sucesivas disminuciones por tratarse de un fenómeno ligado a la temperatura del material. El valor de la resistencia disminuye con el aumento de temperatura y justifica el hecho que en descenso, ésta asuma valores menores por causa del calor que durante la carga se acumula en la resistencia. En la figura 3-12 se ponen en evidencia los significados de la corriente de descarga, de la tensión nominal y la corriente de fuga a frecuencia nominal. La corriente de fuga persiste cuando el descargador no está conectado a los explosores.

La forma de la curva característica *tensión-corriente* depende esencialmente de la calidad de los cristales, de sus dimensiones, del aglutinante, del tipo de cocción y desde luego de las dimensiones finales de las resistencias.

La calidad de una resistencia de características no lineal es tanto mayor cuanto menor sea el valor de la relación entre la tensión residual a la corriente de descarga (V_r) y la tensión nominal de trabajo (V_n). El índice de calidad pude expresarse como:

$$Q = \frac{V_r}{\sqrt{2}\ V_n}$$

El coeficiente $\sqrt{2}$ tiene en cuenta la relación entre el valor de cresta y el valor eficaz de la tensión de red.

El valor ideal del índice es uno, con los progresos alcanzados en el campo específico el valor real resulta dificilmente inferior a dos.

3.2.3. Principios de Funcionamiento de los Descargadores de Carburo de Silicio

En la figura 3-13 se ha representado el proceso de funcionamiento de un descargador de resistencia no lineal de carburo de silicio al recibir una onda de sobretensión. Esta onda caracterizada por su amplitud, se desplaza sobre la línea que recibe el choque con un valor inferior al nivel de aislamiento de la línea gracias a la acción de los descargadores que derivan a tierra parte de la onda. También es descargada a tierra la onda de corriente que acompaña a la de sobretensión. La onda de impulso representada en la figura tiene una duración en el frente de $1,2\mu s$ y una duración en la cola de $50\mu s$. Al iniciarse la onda y de acuerdo con la distancia previamente regulada del explosor, este se cebará al cabo de un tiempo t_1 necesario para que se ionice el aire existente entre los electrodos, salta la chispa.

La tensión de cebado U_c está relacionada con el valor máximo de la tensión de red, es decir $U_{máx} = \sqrt{2}\ U_n$, por medio de un coeficiente k que depende de las características del descargador. Esta tensión de cebado vale:

$$U_c = k\sqrt{2}\ U_n$$

Hasta que la resistencia variable del descargador comience su trabajo de descarga, transcurre un cierto tiempo, por el cual la tensión alcanza un valor de punta algo superior a la tensión de cebado U_c y después desciende rápidamente hasta llegar al valor correspondiente a la tensión residual.

El tiempo t_2 indicado en la figura 3-13 es el correspondiente al retardo debido a la resistencia. Es decir que la cresta de la onda se ha reducido desde el valor de la tensión de choque *Uch* al valor de la tensión residual, que ha de estar por debajo del nivel de aislamiento propio de la línea que se ha de proteger.

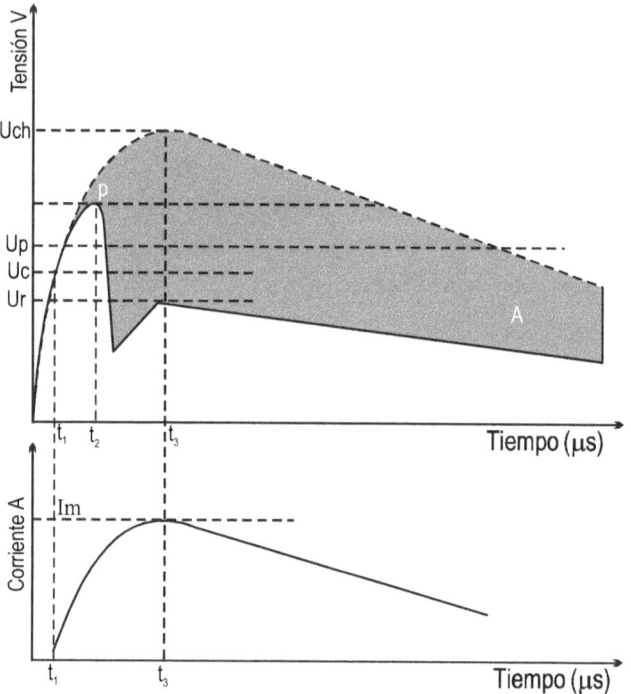

Uch: Tensión de choque. Up: Nivel de protección. Uc: Tensión de cebado del explosor. P: Punto inicial del descargador. A: Área representativa de la energía evacuada a tierra. Im: Corriente máxima

Figura 3-13.   Proceso de funcionamiento de un descargador decarburo de silicio al recibir una onda de sobretensión.

Durante la descarga a tierra, la resistencia variable del descargador es atravesada por una corriente que alcanza su valor máximo *Imáx* para descender después, y que caracteriza el poder del descargador con la condición de que la intensidad conserve un valor superior a 0,5*Imáx* durante el tiempo normalizado de 30 *microsegundos*.

La tensión residual *Ur* aparece en los bornes del descargador en el momento en que la corriente alcanza su valor máximo *Imáx*. El valor de esta tensión es:

$$Ur = Imáx \cdot R$$

R es el valor en *ohm* que en ese instante tiene la resistencia del descargador.

Es conveniente que la tensión de cebado sea lo más baja posible por lo que el valor de k no supere a 2,4. En estas condiciones y utilizando explosores de varios discos en serie se consigue también que la extinción del arco se realice con una tensión 1,2 Un que es un valor aceptable.

Tampoco es conveniente que k se menor que 2,4 y ya que la resistencia variable de los descargadores admiten el paso de miles de amperes pero durante un tiempo reducido, del orden de 50 μs. Como, por otra parte, las sobretensiones de origen interno pueden alcanzar una amplitud de $2\sqrt{2}\ Un$, con una duración de 10.000 μs; si la graduación del explosor permite el funcionamiento del descargador con tales ondas y tiempos tan prolongados, las resistencias quedarán seriamente averiadas. Por lo tanto, y de acuerdo a lo expuesto, para contar con un margen de seguridad adecuado, debe adoptarse para k un valor de 2,4.

3.3. Características de Funcionamiento de los Descargadores.

A continuación se definen las características de los descargadores basadas en las recomendaciones de la Comisión Electrotécnica Internacional. Debe tenerse en cuenta que el conocimiento de todas esta magnitudes es imprescindible para juzgar la calidad de los descargadores.

• Tensión Nominal: es le valor eficaz más elevado de la tensión admitido entre los bornes del descargador a frecuencia nominal. La tensión nominal de un descargador coincide con el valor de la tensión máxima de servicio.

• Tensión de Cebado a frecuencia Nominal: no es deseable que el descargador se cebe frecuentemente con tensiones de origen interno que pueden soportar perfectamente los aparatos. Por lo tanto está previsto que pueda recibir sin cebarse estos impactos de tensión para valores que sean 1,5 veces inferiores a la tensión nominal del descargador.

• Tensión de Cebado a Impulso: en este caso se hace la distinción entre la tensión 100% de cebado a impulso y la tensión de cebado en el frente de la onda. La primera es la tensión de cresta de la tensión de impulso $1,2/50$ μs para la cual el descargador se ceba 5 veces de cada 5. La tensión de cebado en frente es el valor más elevado de la tensión de cebado en el frente de una tensión de impulso de cierta forma y de cierto valor.

• Tensión Residual: es la tensión que aparece en los bornes del descargador cuando la corriente de descarga alcanza el valor de la corriente nominal.

• Corriente de Descarga Nominal: es la amplitud de la corriente de impulso para la cual se dimensiona el descargador. El descargador debe poder descargar esta corriente un número ilimitado de veces, sin sufrir avería. La variación temporal difiere, según las prescripciones de cada país, entre 8...20 y 12...45 μs.

• Corriente de Descarga Máxima: es la corriente máxima de impulso que el descargador puede descargar con seguridad. En la mayor parte de los casos, el valor exigido es de $100 kA$ para una forma de onda μs. desde hace algún tiempo, se exige también una corriente de descarga máxima de larga duración, por ejemplo 2.000 μs.

b)   Descargadores de oxido de Zinc:

En los últimos años , los descargadores de óxido metálico sin explosores, descargadores de *ZnO,* se han impuesto para la protección contra las sobretensiones en redes eléctricas de todos los niveles de tensión. Los descargadores con resistencias de carburo de silicio, *SIC,* provistos con explosores, se emplean en raras ocasiones.

En comparación con los descargadores de sobretensión con explosores, los descargadores con *ZnO* se basan en una construcción sumamente simplificada. Su comportamiento en funcionamiento está determinado casi por completo por las propiedades de las resistencias de óxido metálico. Ello indujo muy pronto a los fabricantes a invertir considerables sumas en la investigación y a estimular el desarrollo y comercialización de los descargadores de sobretensiones de óxido metálico.

3.4. Propiedades Eléctricas de las resistencias de Óxido de Zinc

La figura 3-14 muestra la característica de tensión continua de un resistor de *ZnO*. La clara transición de estado aislante al conductor al llegar a la tensión de cebado *Ub* constituye la característica principal de estas resistencias independientes de la tensión y altamente no lineales. Los procesos de conmutación no solamente son sumamente rápidos, sino también totalmente irreversibles.

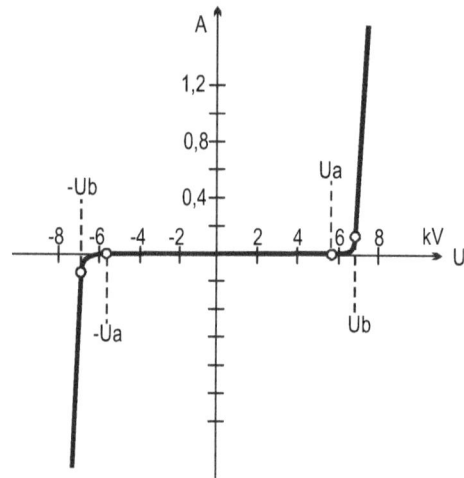

Ub: tensión de cebado
Ug: tensión de servicio permanente

Figura 3-14.   Representación lineal de la característica de una resistencia de óxido metálico para la técnica de la alta tensión.

La resistencia bloquea de nuevo tan pronto como la tensión aplicada *U* sea inferior a *Ub*.

Mediante la elección apropiada de las dimensiones geométricas y la fabricación esmeradamente controlada de la cerámica de óxido metálico, es posible ajustar la tensión de cebado en un margen amplio ($Ub \cong 10V$ hasta $10^6 V$).

Los parámetros reducidos, densidad de campo *E* y densidad de corriente *J* describen por consiguiente la característica de manera más general. En la representación logarítmica doble de la carac-

:erística se pueden diferenciar claramente tres zonas: el cebado previo o zona de corrientes reducidas A; el cebado propiamente dicho o zona de corrientes intermedias B y la zona de corrientes elevadas C.

En explotación de red sin sobretensiones, el descargador opera con la tensión de servicio permanente Ur o Ug, para cargas de corriente alterna o continua, que se encuentran en la zona de cebado
precio. El campo de cebado al que se llega en presencia de una sobretensión, se caracteriza por una
no linealidad sumamente elevado en la zona de corriente en función de la tensión. La figura 3-25
muestra cuantitativamente este efecto por los componentes de no linealidad *a*, independientes de la
tensión y por la tensión de cebado *Ub*.

4.   Zona de corrientes reducidas:

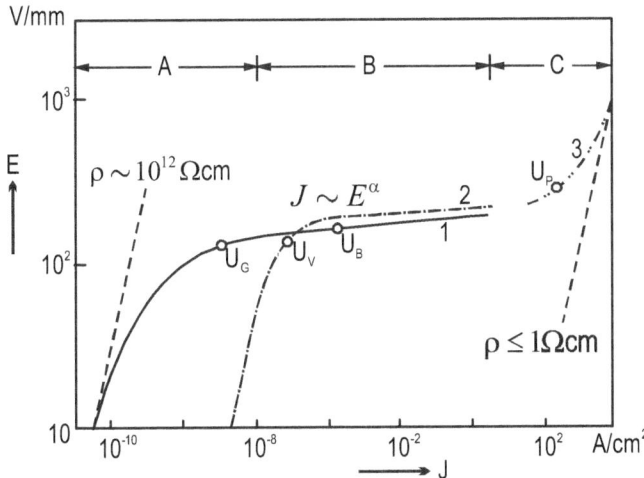

Curva 1: Característica de tensión continua. Curva 2: Característica de tensión alterna Sohz. Curva 3: Característica de tensión
residual correspondiente a una onda de corriente con crecimiento de 8 µs y 20 µs de tiempo de semiamplitud de descanso.

A: zona de cebado previo. B: zona de cebado. C: zona de corrientes elevadas. E: intensidad de campo. J: densidad de corriente.
Ug: tensión de servicio permanente con tensión contínua. Uv: tensión de servicio permanente con tensión alterna 50Hz. Ub: tensión
de cebado. Up: tensión residual con $200\frac{A}{cm^2}$ $\frac{8}{20}$ µs . a: exponente no lineal dependiente de la tensión. ρ : resistencia específi-
ca.

Figura 3-15.   Representación logarítmica doble de las características de un varistor de óxido de zinc.

La resistencia es elevada y termosensible, es decir que disminuye a medida que aumenta la temperatura. Es la zona de precondición, en la cual, a tensión constante, la corriente vale:

$$I = b \, e^{-\frac{E_a}{kT}}$$

donde:

• E_a es la energía de activación de la reacción. Su valor aproximado es $0,2eV$

- k es la constante de Boltzman: $0,86 \cdot 10^4 \dfrac{eV}{k}$

- T es la temperatura absoluta en $°K$

Las pastillas cerámicas de óxido de zinc, sinterizadas y con agregado de otros óxidos metálicos de bismuto, cobalto, antimonio y magnesio, constituyen un semiconductor cerámico denso, en el cual la estructura en banda de los niveles electrónicos de energía es consecuencia del principio de exclusión de Pauli y la forma exacta de las bandas se puede deducir de la ecuación *Shrödingen*, usando una función potencial periódicamente variable con la periodicidad de la red cristalina.

Figura 3-16.   Resistencias de óxido metálico para campos de aplicación diferentes

El óxido de zinc no estequiométrico ofrece un mecanismo de semiconducción típico de los sólidos, caracterizado por aumentar su conductividad a medida que crece la temperatura; en tanto que a temperaturas muy bajas su comportamiento es similar al de los aisladores. Al aumentar la temperatura se excita térmicamente un número creciente de electrones desde la banda de conducción y por ellos aumenta la conductividad.

B.   Zona de corrientes intermedias:

Está caracterizada por una importante alinealidad. La temperatura tiene influencia. La tensión se duplica cuando la corriente es 10^5 veces la inicial.

Esta zona comprende densidades de corrientes en 0,1 y 200 $\dfrac{A}{cm^2}$. La ecuación general que regula el comportamiento en esta zona es $I = C\,U$. Si se toman valores de referencia de tensión y corriente, puede escribirse

$$\frac{I}{I_{ref}} = \left(U_{ref}\right)^n$$

donde n es del orden de 20 a 50.

La tensión de referencia U_{ref} por unidad de longitud de los discos es del orden de $150\dfrac{V}{mm}$.

Con corrientes en forma de impulso, la capacidad de absorción energética para discos de $80mm$ de diámetro es de orden de $4,5 \dfrac{kWs}{kV}$ de tensión de referencia. El aumento de la temperatura del disco es del orden de $40°C$.

Las sobretensiones temporarias que llevan la corriente a su valor máximo admisible son función del tiempo de duración de la sobretensión. En la figura 3-17 se representa en ordenadas la sobretensión permisible y en abscisas la máxima duración de la misma. $\widehat{U}$ es el valor pico de la tensión de $50Hz$ aplicada y U_{ref} es la tensión de referencia en corriente continua. En el caso particular de la figura 3-17 el descargador puede soportar durante 10 segundos un factor de sobretensión de 1,3; durante 1 segundo un factor de sobretensión de 1,4 y durante 0,1 segundos un factor de sobretensión de 1,5.

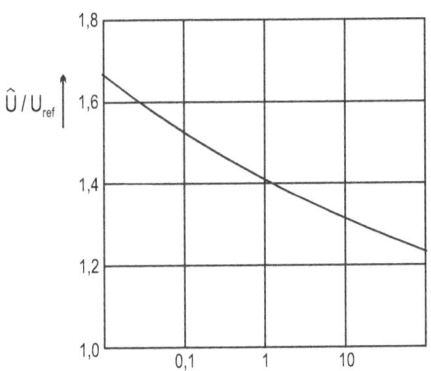

Figura 3-17. $\widehat{U}$ = valor pico de la tensión de $50Hz$ y U_{ref} = tensión de referencia en corriente continua

En la figura 3-18 se muestra esquemáticamente la microestructura que permite una explicación física del comportamiento de las pastillas. Así durante la fabricación, la materia prima, finamente pulverizada se somete a presiones y temperaturas elevadas. El estado líquido de óxido de zinc y bismuto son naturalmente solubles, pero cuando solidifican se forman fases ricas en óxido de zinc y óxido de bismuto, ocurriendo la disociación.

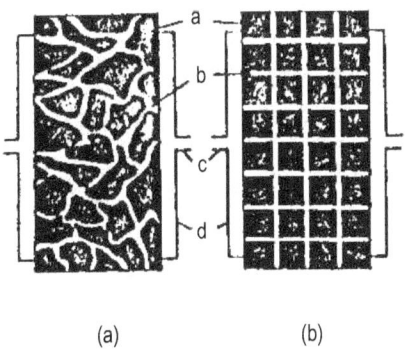

(a)   (b)

a = Microestructura. b = Representación ideal. A: conexiones. B: contactos. C: capas intermedias. D: granos de ZnO.

Figura 3-18.

La sinterización se realiza a temperaturas superiores al punto de fusión al óxido de bismuto, por lo que los granos de óxido de zinc, sólidos a esa temperatura quedan envueltos en una fase líquida de óxido de bismuto.

Durante el enfriamiento los granos de óxido de zinc permanecen envueltos por una capa de óxido de bismuto. Un pequeño agregado de óxido de cobalto aumenta la conductividad del óxido de zinc semiconductor, reduciéndose su resistencia eléctrica.

Durante la sinterización los iones de cobalto se difunden en el óxido de zinc.

Las propiedades eléctricas de la pastilla sintetizada se explica por las dos fases que la determinan. La más grande de las fases son los granos de óxido de zinc de un diámetro del orden de los $10\,\mu m$, rodeados por una segunda fase luego de la solidificación del óxido de bismuto. Las capas intermedias son muy delgadas, de 0,005 a 0,01 μm, y producen barreras, que en el esquema ideal de la figura 3-18 b quedan en serie y paralelo. Cada una de esas barreras entre dos granos de ZnO es un elemento de resistencia no lineal de caída de tensión de $2,5V$ con una densidad de corriente de $1\,\dfrac{mA}{cm^2}$.
De entre los dos mecanismos para explicar la conducción en este caso aparentenmente el efecto túnel es el más cercano a la realidad. Esto explica la alinealidad de esta parte de la curva, siendo que la caída total en el cerámico es la suma de las caídas en las barreras entre electrodos. La tensión de operación es de 150 a $250V$ por cada $1mm$ de espesor de la pastilla resultando altos gradientes de potencial en las capas muy delgadas.

La capacidad de transporte de la corriente es función de la superficie de la pastilla.

C.   Zona de Altas Corrientes:

Dado que, a tensión de servicio, la corriente que atraviesa los descargadores de óxido de zinc es sumamente reducida, no siendo necesaria la colocación de explosores en serie, lo que, en cambio, en los descargadores de *SIC*, los explosores cumplen la importante función de mantener el circuito abierto, ya que las pastillas *SIC* se deterioran rápidamente con solo aplicar la tensión nominal entre bornes del descargador.

Los descargadores de ZnO, soportan el paso de una corriente muy baja, La corriente puede aumentar considerablemente por dos fenómenos diferentes a saber:

a. La simultaneidad de una alta temperatura ambiente más una tensión aplicada elevada que lleva a una degradación gradual, reduciéndose rápidamente la vida útil de estos descargadores. El proceso de degradación o de gradual aumento de la corriente de fuga de un descargador excitado por tensión alterna es proporcional a la raíz cuadrada del tiempo. Estos descargadores son los únicos aptos para operar aún frente a sobretensiónes temporarias, y su operación será correcta si no se superan las tensiones y tiempos prescritos en las especificaciones de cada fabricante, como en el caso de la figura 3-17.

b. Al drenar la energía asociada a una sobretensión, se eleva la temperatura de los resistores. En este caso cabe la posibilidad que el descargador vuelva a sus condiciones iniciales luego de ceder la energía térmica por convección y radiación, en una suerte de equilibrio dinámico, o que se desencadene una avalancha térmica que lleve al descargador al fin de su vida útil.

Para verificar que la realimentación positiva que podría producir la avalancha no alcanza este límite, se deben controlar dos elementos:

1.- Estabilidad estática. El calor disipado es mayor que el calor generado.

2.- Estabilidad dinámica. La velocidad de crecimiento del calor generado es menor que la del calor disipado.

Una explicación física de la conducción en la zona de altas corrientes se basa en el procedimiento de la caída de tensión en los granos de *ZnO*. El varistor presenta un comportamiento resistivo. Se puede controlar el comportamiento en esta región modificando la resistividad de los granos de *ZnO*, mediante el agregado cuidadoso de impurezas para evitar una corriente de fuga nominal excesivamente alta.

Se denomina expectativa de vida al tiempo que transcurre hasta el fin de la vida útil. La expectativa de vida puede calcularse en el orden de varios años. Para determinar la expectativa de vida es necesario conocer cuanto tiempo toma la potencia de pérdidas en duplicarse en función de la temperatura ambiente y a tensión constante. La corriente de $1\frac{mA}{cm^2}$ define el punto de inflexión de la curva característica *tensión-corriente*. conociendo la temperatura ambiente de trabajo y el tiempo en que se desea la duplicación de la potencia de pérdidas puede determinarse la tensión de trabajo como una función de lo anterior; figura 3-19.

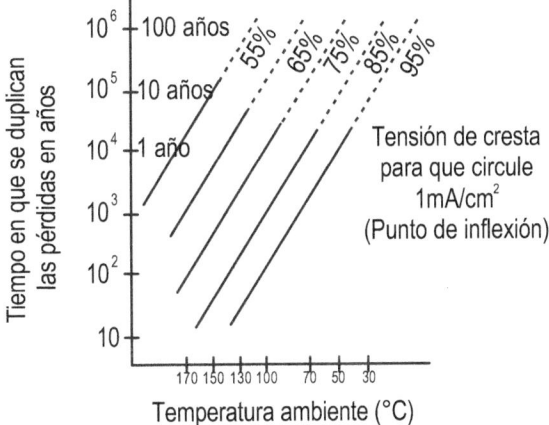

Figura 3-19   Perdida de potencia del óxido de zinc según las experiencias de Anhenius

Tomando a título de ejemplo una temperatura de trabajo de $50°C$ y un tiempo de 20 años (duplicación de la potencia de pérdidas), la tensión de trabajo no podrá ser superior al 80% de la tensión al punto de inflexión. Conociendo estas características es posible, a una tensión determinada, saber la duración del bloque de óxido de zinc.

Esta tensión es llamada *"máxima tensión permanente de trabajo"* MCOV (maximun continius operating voltage) y es el valor de tensión de diseño del descargador del óxido de zinc bajo el cual puede usarse en forma continua.

3.5. Descargadores a Expulsión

Los descargadores a expulsión, por los que consideramos oportuno remarcar sus características constructivas y funcionales, son empleados en la protección de redes de distribución de una tensión nominal no superior a 30KV. Esta limitación de la tensión y del tipo de red se debe a las particulares características de estos descargadores.

Una técnica desarrollada últimamente ha demostrado que los descargadores a expulsión son aptos para la protección de líneas aéreas. Esta solución implica una particularidad dado que una descarga sobre una cadena de aisladores, provoca la apertura del interruptor para la protección contra corto-circuitos. Cuando la descarga se produce a través de un descargador a expulsión, el mismo dispositivo produce la extinción del arco.

Los descargadores a expulsión están constituidos de los siguientes elementos:

- Cámara de arco

- Explosor externo

La cámara de arco está compuesta por un tubo de material orgánico, que en presencia del arco que se produce entre los electrodos, desarrolla un gas que al ser expulsado arrastra simultáneamente el arco y provoca su extinción en el primer paso por cero de la corriente.

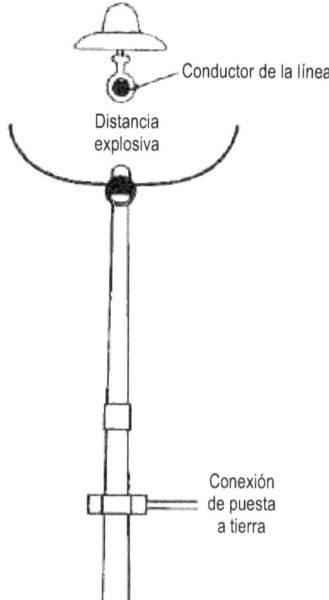

Figura 3-20.   Descargadores a expulsión para líneas de transmisión

La protección así obtenida requiere una instalación muy simple y poco costosa pero los resultados obtenidos no son comparables con los que se obtienen con los descargadores de resistencia no lineal, especialmente en la estabilidad de valor de la tensión de cebado y de la característica *tensión de descarga-tiempo*. En los descargadores para líneas aéreas, el explosor externo no forma parte del descargador y se obtiene por medio de un espacio entre el conducto de fase y la parte superior del descargador, figura 3-20.

3.5.1. Descargador a Expulsión para Redes de Distribución

Sobre un aislador soporte, de construcción especial, son montados dos explosores en serie, cuyas distancias disruptivas son establecidas a los efectos de determinar el valor de la tensión nominal de funcionamiento para la cual el descargador ha sido construido, figura 3-21.

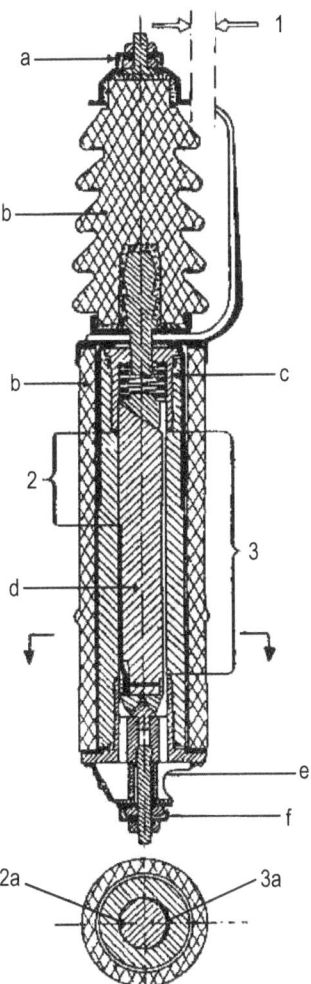

1. Explosor externo. 2-3.- Explosor interno. a. Morseto de línea. b. Aislador. c. Tubo de material orgánico. d. Cilindro de material orgánico. e. Apertura de expulsión del gas. f. Morseto de tierra

Figura 3-21.   Sección de un descargador a expulsión

En el momento que la sobretensión aparece a los bornes del descargador se produce el cebado de los dos explosores y la consiguiente descarga a tierra de la corriente de impulso.

Extinguido el transitorio impulsivo, la ionización de los espacios disruptivos tiende a mantener el arco debido a la presencia de la tensión de la red de frecuencia industrial. Entra entonces a funcionar el dispositivo de interrupción constituido por el tubo *C*, en cuyo interior se coloca concéntricamente un cilindro, ambos de material orgánico cuyos componentes se gasifican rápidamente por la solicitación térmica del arco. El gas así formado que no puede expandirse en el punto 2ª donde el tubo está adherido al cilindro, toma el espacio 3ª descargándose hacia el exterior a través de la apertura *e*. Esta acción se refleja sobre el arco, provocando su alargamiento, la desionización, la expulsión definitiva y su extinción definitiva en el semi período consecutivo a la finalización del transitorio.

La corriente de descarga queda así interrumpida y el descargador que ha sufrido una mínima erosión del material orgánico queda en condiciones de repetir la acción de protección.

La propiedad de cortar el arco después de la extinción del transitorio impulsivo y antes de que actúen las protecciones contra cortocircuito significa una ventaja de los descargadores a expulsión respecto a los explosores dado que estas últimos provocan la interrupción de la energía cuando los explosores entran en funcionamiento.

3.6. Protección de Instalaciones Eléctricas

3.6.1. Zona de Protección de los Descargadores

Las instalaciones eléctricas no pueden protegerse contra sobretensiones más que si su aislamiento está perfectamente coordinado. Un punto esencial es la elección correcta del dispositivo del protección, en cuanto a su tensión y a su corriente nominales. Para las redes trifásicas con neutro efectivamente puesto a tierra, se utilizan descargadores cuya tensión nominal sea del 80% de la tensión compuesta.

La elección de la corriente de descarga nominal, depende del lugar de la red donde se prevé la instalación del descargador. Si el descargador está situado en el extremo de la línea, la corriente de descarga debe ser:

$$i_d = \frac{2\ Uch - Ur}{z}$$

y si está situado en plena línea:

$$i_d = 2\ \frac{Uch - Ur}{z}$$

i_d = corriente nominal de descarga de descargador

Uch = tensión de la onda que se propaga

Ur = tensión residual del descargador

z = impedancia característica de la línea

La tensión máxima de la onda Uch está limitada por la tensión de descarga de choque de la línea aérea. Para líneas normales sobre postes metálicos, es 8 veces de la tensión nominal de la red. Para líneas sobre postes de madera, se puede obtener valores muy elevados, porque estas líneas presentan una muy grande tensión de descarga al choque.

Sucede también que las corrientes de choque que el descargador ha de descargar en las redes de media tensión, con líneas sobre poste de hierro no sobrepasan de 2.000*A*, siempre que no caiga un rayo en las proximidades del descargador.

Para líneas sobre postes de madera, las corrientes de descarga pueden alcanzar valores notablemente superiores. En estos casos, se instalará un descargador cuya corriente de descarga nominal sea de 10.000*A* del tipo denominado de poste, en oposición al tipo denominado de línea, cuya corriente de descarga nominal es de 5.000*A*.

El margen de seguridad en una instalación está dado por al diferencia entre la tensión resistida a impulso del material que constituye el sistema eléctrico y la tensión residual del descargador. La eficacia de la protección depende también de otros factores, como la clase de montaje y al longitud de la línea de alimentación. Estas influencias puede observarse en la figura 3-22. La onda de sobretensión *Us* que se propaga es reducida al valor de la tensión residual *Ur* por el cebado del descargador *A*. Pero la amplitud U_T de al onda que entra en el transformador está dado por le expresión:

$$U_T = Ur + U_e + Uz_1 + Uz_2$$

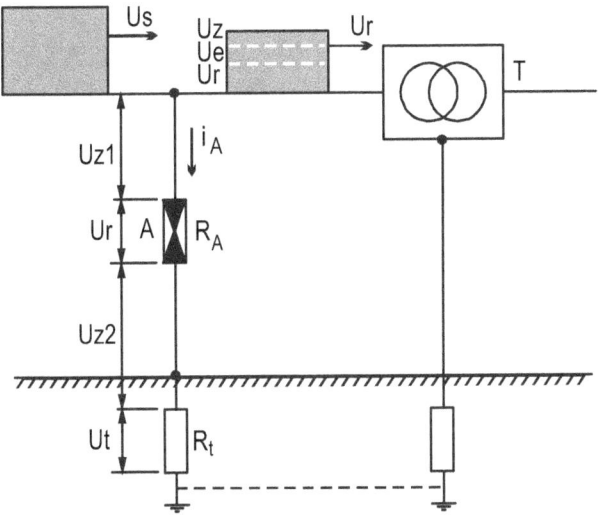

Us (Onda de sobretensión) Uz_1 Uz_2 (Tensión en las conexiones del descargador). Ur (Tensión en el descargador).Ut (Tensión de puesta a tierra). Rt (Resistencia de puesta a tierra) i_A (Corriente del descargador). R_A (Resistencia del descargador). T (Transformador)

Figura 3-22   Estación protegida con puesta a tierra independiente de la del descargador.

En este acoplamiento, la puesta a tierra del descargador, que tiene una resistencia *Re*, y la puesta a tierra del transformado están separados entre sí. Por lo tanto, la corriente la provoca la resistencia *Re* una caída de tensión

$$Ue = i_A Re$$

que se añade a la tensión residual del descargador. Además se suman las caídas de tensión Uz_1 y Uz_2 de las conexiones del descargador a la línea y a tierra , respectivamente; de la onda de corriente. Por lo tanto la tensión a que está sometido el transformador es:

$$U_T = i_A \left(R_A + Rc \right) + L \frac{di}{dt}$$

L coeficiente de autoinducción de las conexiones

$\dfrac{di}{dt}$ pendiente de la corriente

Por lo tanto, si la resistencia de puesta a tierra es relativamente grande y si las conexiones del descargador son de gran longitud, el descargador no puede ejercer su acción protectora. Esta influencia es más pronunciada para tensiones nominales poco elevadas. Para reducir en lo posible estas tensiones suplementarias indeseables, hay que eliminar o, por lo menos reducir las influencias de tierra y de la inductividad de las conexiones. Para ello las partes puestas a tierra del elemento que se ha de proteger, se conectan directamente a la conexión a tierra del descargador, de forma que la influencia de la resistencia a tierra quede anulada. Además, siempre hay que procurar que la longitud de las conexiones a la línea y a tierra sea lo más limitadas posibles.

La acción de un descargador, alejado del elemento que debe proteger, se hace sentir después de un cierto tiempo transcurrido, a consecuencia de la definidas velocidad de propagación de la onda de sobretensión

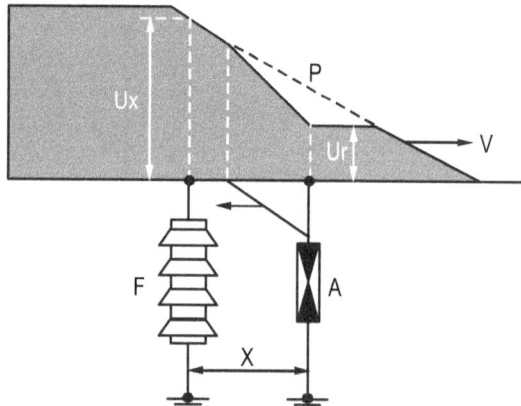

Ux (tensión del elemento protegido). Ur (tensión en el descargador). P (Pendiente de la onda de sobretensión). X (Distancia entre el objeto y el descargador) A (Descargador). F (Elemento protegido)

Figura 3-23   Protección de un elemento de instalación situado antes del descargador.

La circunstancia mencionada define el área de protección de un descargador.

Es indiferente que el elemento a proteger esté situado antes o después del descargador.

Considerando el caso representado en la figura 3-23 donde el elemento a proteger *F* está situado antes del descargador, como sucede, por ejemplo, en los bornes de un pasamuro, en las aislaciones de apoyo y en los interruptores sobre postes. Admitiendo que la onda de sobretensión se propaga en forma de cuña con una pendiente constante *P*. Cuando se ceba el descargador, volverá al elemento *F,* una onda reflejada de sentido opuesto y cuya pendiente puede alcanzar un valor doble de la anterior. La acción protectora se apreciará en el momento en que esta onda reflejada haya alcanzado el elemento a proteger, es decir que dependerá del camino *x* y de la pendiente *P*.

Designando con *Ux* la tensión del elemento considerado, por *Ur* la tensión residual del descargador y por *v* la velocidad de propagación de la onda de sobretensión; la tensión *Ux* vale:

$$Ux = Ur + \frac{2\,P \cdot x}{v}$$

Si se quiere determinar la zona de máxima protección es necesario conocer la tensión de descarga superficial a impulso *Uch*. Para la distancia máxima

$$x = \frac{\left(Uch - Up\right)v}{2P}$$

La velocidad *v* es una constante de la línea, depende de su capacidad y su inductividad y vale:

$$v = \frac{1}{\sqrt{Le\ Ce}}$$

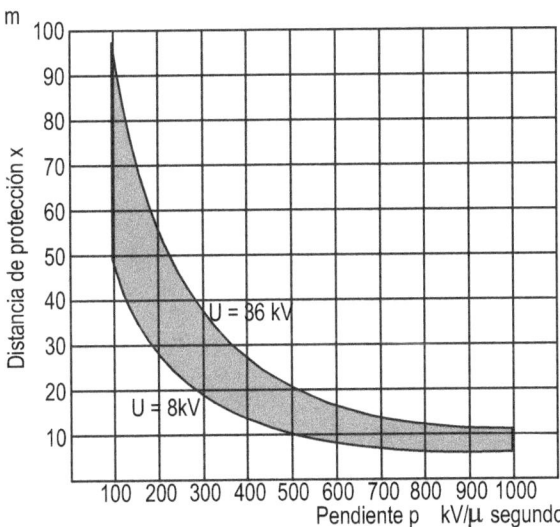

Figura 3-24. Representación gráfica de la zona de protección de un descargador para tensiones niminales comprendidas en 8kV y 36kV

se pueden tomar los siguientes valores prácticos para *v*.

- Líneas aéreas $\qquad v = 300\,\dfrac{m}{\mu s}$

- Cables subterráneos $v = 150 \dfrac{m}{\mu s}$

En la figura 3-24 se representa gráficamente la zona de protección admisible x de un descargador para líneas aéreas, en función de la pendiente de la onda de propagación. La dos envolventes son válidas para tensiones de servicio de $8KV$ y de $36KV$. Para estos cálculos solamente se ha tenido en cuenta la tensión residual, despreciando al influencias adicionales. Del diagrama se deduce que la zona de protección en los sistemas de media tensión de 8 a $36KV$, para una pendiente de onda de $400 \dfrac{KV}{\mu s}$, puede admitirse como sigue:

- para líneas aéreas $x_{máx} = 14...25m$

- para cables subterráneos $x_{máx} = 7...12m$

Las estadísticas demuestran que en las redes de media tensión la pendiente de $400 \dfrac{KV}{\mu s}$ es raramente sobrepasada. Para redes de muy alta tensión no es posible indicar una zona de protección precisa sin disponer de datos más amplios. esta zona de protección debe calcularse para cada caso, pero generalmente no excede de $75m$ para líneas aéreas, de unos $35m$ para cables subterráneos.

Cuando el elemento que se debe proteger está situado detrás del descargador, no está sometido más que a la tensión residual Ur. Pero si el elemento a proteger se encuentra casi al extremo de la línea, está sometido simultáneamente, a la onda de tensión incidente y a la reflejada. En este caso la tensión en los bornes de este elemento queda duplicada. Por esta razón, si se trata de una parte costosa de la instalación, debe protegerse por medio de descargadores directamente conectados a los bornes de los elementos que se deben proteger.

En las redes de alta tensión con neutro aislado se producen indeseables contorneamientos en el punto neutro del transformador. Esto puede evitarse con un descargador directamente conectado al punto neutro del transformador. En este caso la tensión máxima del servicio para la que debe dimensionarse el descargador está dada por las siguientes expresiones:

Para redes de líneas aéreas y redes de cables compensados:

$$U_{B\ máx} = 0,94...0,89\ Uy$$

para redes de cables no compensados:

$$U_{B\ máx} = 1,45...1,38\ Uy$$

Uy = tensión de estrella

Desde el punto de vista de la corriente que la atraviesa, al solicitación de un descargador de este tipo es muy pequeña.

3.7. Selección de Descargadores de Óxido de Zinc

El primer paso en la selección de un descargador de óxido de zinc, es que la máxima tensión continua de trabajo $MCOV$, debe ser igual o superior a la tensión nominal continua de trabajo, del sistema de potencia cual se lo quiere conectar.

El sistema de potencia puede exceder la máxima tensión continua de trabajo $MCOV$, por fallas, maniobras a fuera de servicio de equipos, pero esto es admisible solamente en períodos cortos de tiempo.

En la figura 3-25(a) se observa la tensión y corriente medida sobre el descargador de óxido de zinc de $27kV$ a varios valores de tensión. A la tensión de trabajo E_2, la corriente es en principio capacitiva, a medida que se avanza en el semiciclo, la componente resistiva de la corriente comienza a crecer. Cuando la tensión supera en aproximadamente un 20% la tensión de trabajo E_3, la componente resistiva está completamente definida.

La figura 3-25(b) muestra que estos incrementos de la componente resistiva son menores por debajo de la tensión de trabajo y que los incrementos por encima del aumento de la temperatura que debe soportar el descargador de óxido de zinc.

La figura 3-26 compara la potencia del bloque varistor con la capacidad térmica de disipación del cuerpo de porcelana del descargador, a tensión y temperatura ambiente constantes.

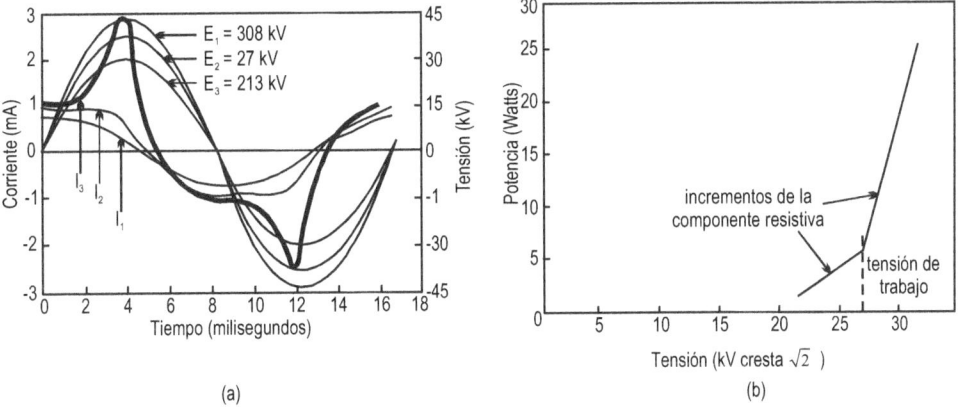

a (Tensión aplicada a un descargador de óxido de zinc de 27KV.) b (Potencia versus tensión aplicada a 60Hz.)

Figura 3-25

Si la sobretensión es suficientemente corta en duración de manera que el calor disipado por el bloque varistor sea menor que la capacidad de disipación del cuerpo del descargador, se retornará siempre al estado estable de operación, una vez que desaparezca esta sobretensión.

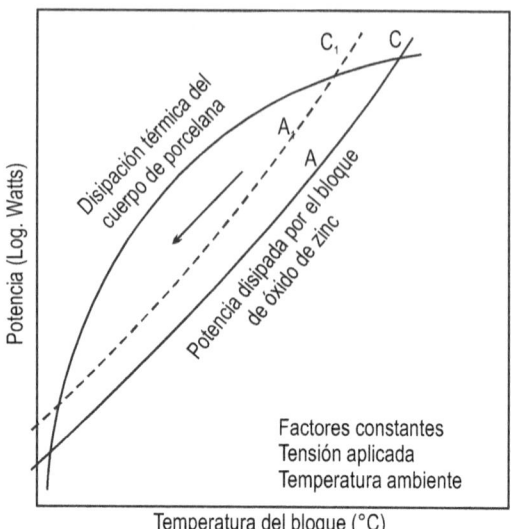

Figura 3-26   Límites de estabilidad térmica para descargadores de oxido de zinc en cuerpos de porcelana.

Pero si la duración de la sobretensión es suficientemente larga, que permita que la disipación del bloque varistor supere la capacidad de disipación del cuerpo, el descargador entrará en un rápido crecimiento de la temperatura y posterior falla.

La figura 3-27(a) muestra la relación entre la tensión de alimentación del descargador y tiempo de aplicación de la misma. Los descargadores de oxido de zinc no tienen explosores, no tienen descargas internas, sin embargo hay descargas que dependen de la magnitud y relación ascendente de la corriente como lo muestra la figura 3-27(b).

Conociendo estas características pueden determinarse el margen de protección para aparatos específicos, para la descarga desarrollada a través del descargador, una corriente y tiempo de cresta determinado; las reglas básicas para la selección de los descargadores de óxido de zinc son:

1. Determinación de la máxima tensión normal de trabajo entre fase y neutro y la máxima sobretensión que pueda aparecer en la red del sistema de potencia, donde se instale el descargador.

2. Determinar la duración de estas sobretensiones. Para una subestación o una red de distribución, la máxima sobretensión y duración de la misma en cada descargador, puede variar según el punto donde está conectado.

3. Seleccionar el descargador de tal manera que su máxima tensión permanente de trabajo *MCOV*, sea igual o mayor que la máxima tensión de trabajo del sistema.

4. Mediante el uso de la figura 3-27(a), determinar si la duración de cada sobretensión, está dentro de la capacidad del descargados seleccionado. Si esta condición de sobretensión temporaria excede la capacidad térmica del descargador, se deberá seleccionar un descargador con una tensión permanente de trabajo más alta.

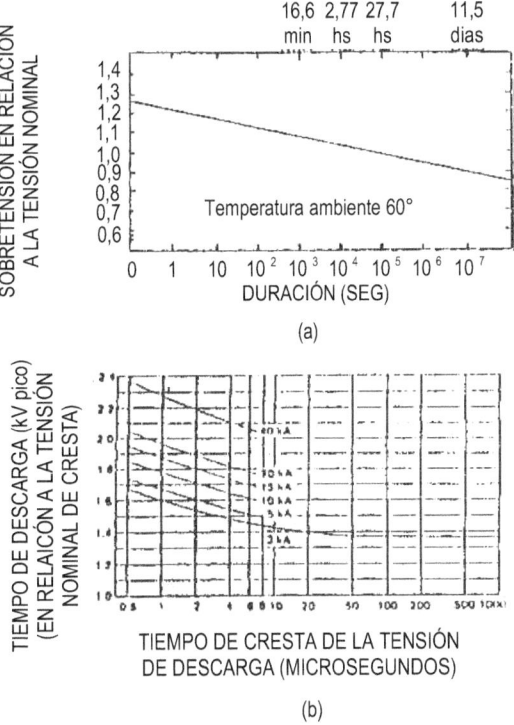

Figura 3-27. a. Capacidad de sobretensión temporario a frecuencia industrial de un descargador de óxido de zinc sin absorción previa de energía en el momento de la aplicación de la sobretensión. b. Curvas típicas de descarga de tensión en función del tiempo de cresta para varios niveles de corriente.

3.8. Protección Mediante Explosores.

La característica *tensión-tiempo* de cebado con impulso de un explosor es habitualmente mucho más curvada que la de ciertos aparatos a proteger, en particular, la de los transformadores y cables.

Debido a la forma cerrada de la característica *tensión.tiempo* de un explosor, la distancia para la cual está asegurada la protección contra todas las sobretensiones, resulta generalmente muy pequeña. Si se utiliza un explosor, debido a su aptitud de protección contra las sobretensiones con frente poco escarpado, es decir con pendiente más pequeña que la de la onda normalizada para los ensayos con tensión de impulso atmosférico, una distancia de varias decenas de metros entre el explosor y el objeto a proteger no modifica de forma apreciable las condiciones de protección contra tales sobretensiones. Por lo tanto, un explosor está expuesto, con bastante frecuencia, bajo la acción de las sobretensiones atmosféricas, y de vez en cuando bajo la acción de sobretensiones de maniobra, cuyas amplitudes son inferiores a las tensiones resistidas a los impulsos atmosféricos por los aparatos a proteger. En muchos casos, si el explosor, está situado del lado de la alimentación del aparato de corte, su funcionamiento provoca una interrupción.

Se puede restablecer la alimentación rápidamente gracias a las reconexiones automáticas rápidas. Puede elegirse una regulación del explosor que asegure un grado de protección aceptable, sin provocar un excesivo número de interrupciones perjudiciales para los usuarios.

3.9. Límites en la Utilización de Explosores de Protección

a) Cuando un explosor funciona debido a una sobretensión y se establece un arco, este arco se mantiene frecuentemente hasta que lo cortan los aparatos de protección de la red. Resulta de ello un fallo fase a tierra en el caso que la red tenga su neutro directamente conectado a tierra, apareciendo esfuerzos mecánicos en diferentes partes de las instalaciones de la red y eventuales perturbaciones para los usuarios. La ubicación del explosor debe darse en función de sus efectos sobre el sistema de protección y sobre el servicio.

b) El explosor es inaceptable desde el punto de vista de la continuidad del servicio si su presencia aumenta en forma notable el número de interrupciones, lo que sucede cuando los cebados no se autoextinguen y no son eliminados por interruptores de apertura rápida seguida de reconexión rápida.

c) Los explosores provocan una onda cortada, cerca de los bornes del aparato protegido. Esto debe considerarse al preveer la aislación de los arrollamientos de alta tensión.

d) Puede provocarse averías en el material por el arco eléctrico que se establece en el explosor, si esta está mal colocado.

e) Debe elegirse la disposición relativa de los explosores de cada una de las fases de forma que evite el riesgo de la extensión de un arco a las fases cercanas, que transformaría una falla monofásica en trifásica.

3.10. Evaluación Estadística de la Protección Mediante Explosores

Para una forma de onda de impulsos aplicados, consideremos:

- $P_i(U)$ y $P_p(U)$ las respectivas probabilidades de descarga, en la aislación y el cebado de explosor, en función del valor de cresta U de la sobretensión.

- $P_{ip}(U)$ probabilidad de que la descarga se produzca en la aislación antes que cebe el explosor de protección en función del valor de cresta U de la sobretensión.

Las probabilidades de descarga del aislamiento $P_i'(U)$ y del cebado del explosor conectados en paralelo vienen dadas por las siguientes expresiones:

$$P_i'(U) = P_i(U) \cdot \left[1 - P_p(U)\right] + P_i(U) \cdot P_p(U) \cdot P_{ip}(U) \qquad [1]$$

$$P_p'(U) = P_p(U) \cdot \left[1 - P_i(U)\right] + P_p(U) \cdot P_i(U) \cdot \left[1 - P_{ip}(U)\right] \qquad [2]$$

Si se supone que los tiempos de descarga en la aislación y del cebado del explosor siguen una ley de Gauss, cualquiera que sea el valor de cresta U de la onda aplicada, la probabilidad $P_{ip}(U)$ viene dada por la fórmula:

$$P_{ip}(U) = \frac{1}{2} - \frac{1}{\sqrt{2\pi}} \int_0^{T_{ip}} e^{-\frac{t^2}{2}} dt \qquad\qquad [3]$$

siendo:

$$T_{ip}(U) = \frac{T_i(U) - T_p(U)}{\sqrt{\sigma_{ti}^2(U) + t_p^2(U)}}$$

$T_p(U)$:   valor del 50% del tiempo de cebado del explosor en función del valor de cresta U de la onda aplicada.

$T_i(U)$:   valor del 50% del tiempo de descarga de la aislación en función del valor de cresta U de la onda aplicada.

$t_p(U)$:   desviación normal del tiempo cebado del explosor en función del valor de la cresta U de la onda aplicada.

$t_i(U)$:   desviación normal del tiempo de descarga de la aislación en función del valor de la cresta U de la tensión aplicada

Si para una combinación particular de la aislación a proteger y de un explosor, hay una probabilidad despreciable de que el tiempo de descarga en el equipo sea menor que el tiempo de cebado del explosor en todo intervalo $0 < U < U_{máx}$, entonces $P_{ip}(U)$ es nulo y la fórmula (1) queda:

$$P_i'(U) = P_i(U) \cdot \left[1 - P_p(U)\right] \qquad\qquad [4]$$

En el caso de combinaciones de aislaciones y de explosores de protección que posean esta propiedad, se considera que las propiedades del explosor de protección son ideales.

El riesgo de falla de una instalación protegida puede evaluarse por medio de la fórmula siguiente:

$$R'_i = \int_0^{U_{máx}} P_i(U) \cdot \left[1 - P_p(U)\right] \cdot f_0(U) \, dU + \int_0^{U_{máx}} P_i(U) \cdot P_{ip}(U) \cdot f_0(U) \, dU$$

En las condiciones de validez de la fórmula (4) se puede expresar el riesgo de falla por medio de la fórmula siguiente:

$$R'_i = \int_0^{U_{máx}} P_i(U) \cdot \left[1 - P_R(U)\right] f_0(U) \, dU$$

$f_0(U) =$ densidad de probabilidad

La relación entre la tensión de cebado del 50% con impulso atmosférico y tensión de cebado al 50% con impulso de maniobra de un explosor puede elegirse con un margen bastante amplio (1 a 1,5) modificando la configuración de los electrodos. Por lo tanto es posible elegir la curva de probabilidad $P_p(U)$ de descarga del explosor con impulsos de maniobra casi independientemente de su curva de probabilidad de descarga con impulsos atmosféricos.

3.11. Bibliografía

- Bossi, A. Cappi, E. *Missure Elettriche*. Ed. Hoepli

- De la C. Chard, F. *Electricity Supply*. Longmand.

- Diesendorf, W. *Insulation and Coordination in High Voltage Systems*. Ed. Butterworths.

- Heller, B et Veverka A. *Les Phénomenes de choc dan les Machines Electriques*. Dunod.

- Instituto Argentino de Racionalización de Materiales. *Norma IRAM 2211*.

- International Electrotecnical Comision. *Recomendación IEC 60*.

- Niebur, W. D. *Conceptos Tecnológicos y aplicación de los Descargadores de óxido de zinc*. Edit. SICA MAC SPAW EDISON.

- Ramirez Vazquez, D. J. *Estaciones de Transformación y Distribución. Protección de sistemas Eléctricos*. Ed. CEAC.

- Revista *A B B* 1/89. *La resistencia de Óxido Metálico*. Edit. Asea Brow Boveri S.A.

- Soibelzon, L. H. *Algunas de las causas que provocan sobretensiones de Origen Interno y medios para reducirlas*. Rev. *Electrotécnica*.

- Soibelzon, L. H. *Especificaciones de los descargadores de sobretensión de óxido de zinc a partir de la física de su comportamiento*. Rev. *Electrotécnica*.

- Torresi, A. A. *Mediciones en Alta Tensión*. Edit. Universitas. Córdoba. 2001.

- Vazquez Praderi, F. *Sobretensiones. Coordinación de la Aislación*. Ed. Ediar.

- Weedy, B. W. *Sistemas Eléctricos de Gran Potencia*. Ed. Reverté.

15 - Universitas

Otros Títulos de esta Editorial

MATEMATICA
Algebra y Geometría. Molina-Gigena-Joaquin-Gomez- Vignoli.
Análisis Matemático I. Azpilicueta-Gigena-Joaquin-Molina-Cabrera.
Matemática I para Ciencias Naturales. Vera de Payer - Molina - Gigena - Ludueña Almeida.
Algebra Lineal. Elizabeth Vera de Payer.
Introducción a la Matemática. Azpilicueta-Gigena-Molina-Gómez. (En preparación)
Análisis Matemático II. Gigena - Binia - Joaquín - Cabrera - Abud 2° Ed. (En preparación)

FISICA Y QUIMICA
Notas de Química General. P. Carranza - S. Faillaci.
Física I. G. V. Morelli. (En preparación)
Física II. Electromagnetismo. G. V. Morelli.
Física III. G. V. Morelli. (En preparación)
Calor y Termodinámica. G. V. Morelli. (En preparación)
Mecánica. G. V. Morelli. (En preparación)
Termodinamica Técnica. F. Arenas (En preparación)

DISEÑO
Representación Gráfica I. O. Maligno y otros.

INGENIERIA E INFORMATICA
Algoritmos y Estructuras de Datos. Valerio Fritelli.
Aprenda Lenguaje ANSI C. J. García.
Aprenda C++. J. García.
Lenguaje C++. K. Barclay.
Aprenda Java. J. García.
Aprenda Visual Basic. J. García.
Sistemas Operativos. Norberto Cura.
Comunicaciones. J. Galoppo - C. Montaña Mansur.
Redes de Información. C. Sánchez-J. Galoppo. 3° Edición.
Introducción a Sistemas de Control. Víctor H. Sauchelli. 4° Edición.
Sistemas Celulares de Comunicaciones Móviles. J. Galoppo.
Métodos Numéricos. Rosendo Gil Montero.
Res. de Prob. con Matlab. Métodos Numéricos. R. Gil Montero.
Res. Prob. con Matlab. Sistemas de Control. V. Garrone.
Guía de Introducción a Matlab. J. García - J. Rodriguez.
Resolución de Problemas con C++. Rosendo Gil Montero.
Comunicaciones de Datos y Redes de Información. Norberto Cura (2 Tomos).
ADSL - Asymetric Digital Subscriber Line. Norberto Cura.
Economía para Ingenieros. E. Masciarelli. (En preparación).
Problemas Resueltos de Economía. E. Masciarelli.
Gestión de la Calidad. Carlos Boero. 2° Edición.
Organización Industrial. C. Boero.

INGENIERIA INDUSTRIAL
Gestión de Abastecimiento. Carlos Boero.
Costos Industriales. C. Boero.
Evaluación de Proyectos. C. Boero.
Mantenimiento Industrial. C. Boero.
Introducción a la Logística. C. Boero.
Gestión de Mantenimiento. L. Torres.
Mercadotecnia. M. Gómez - G. Gimenez.
Costos Industriales. F. Antón - O. Giovannini.
Recursos Humanos. M. Gomez - G. Gimenez.
Planificación y Control de la Producción. F. Antón - O. Giovannini.

ELECTRONICA Y COMUNICACIONES
Teoría de las Comunicaciones. Pedro Danizio.
Dispositivos Electrónicos. Carlos Chaer.
Fuentes Conmutadas. Juan Carlos Floriani.
Sistemas de Control No Lineales. V. Sauchelli.

Sistemas de Control Digitales. V. Sauchelli.
Teoría de la Información y Codificación. V. Sauchelli.
Teoría de Señales y Sistemas Lineales. V. Sauchelli.
Teoría Moderna de Filtros con Matlab. Walter Monsberger.
Mediciones Electrónicas. Hugo Grazzini.
Teoría de Señales. E. Vera de Payer.
Análisis Conjunto Tiempo-Frecuencia. E. Vera de Payer.
Elementos de Prog. en C++ para Electrónicos. E. Destéfanis.

AERONAUTICA

El Avión. Calidad del equilibrio, control y estabilidad dinámica. José A. Sirena.
Dinámica de los Gases. J. Tamagno (En preparación).

MECANICA - ELECTRICIDAD

Sistemas de Puesta a Tierra. Juan Carlos Arcioni.
Mediciones en Alta Tensión. Alberto Torresi.
Sobretensiones. Alberto Torresi.

INGENIERIA CIVIL

Introducción a la Teoría de la Elasticidad. Godoy-Pratto-Flores.
Estructuras Metálicas. Gabriel Troglia.
Proyectos, Dirección de Obras y Valuaciones. A. Armesto.
Ejercicios de Sistemas Planos de Alma Llena. Juan Weber
Lluvias de Diseño. G. Caamaño Nelli - C. Dasso.
Proyecto y Arq. de las Instalaciones Eléctricas. R. Levy.
Gestión, regulación y Control de Servicios Públicos. FCEFyN-UNC.
Congreso Internacional de Servicios Públicos. FCEFyN-UNC.

BIOINGENIERIA

Seguridad y Normalización en Instalaciones Eléctricas Hospitalarias. R. Taborda.
Diagnóstico por Imágenes. M. Malamud.

Distribución en Buenos Aires:
Editorial Nueva Librería. Estados Unidos 301. (1101) San Telmo.
Te: 4362 9266 / 4362 6887 Email: nuevalibreria@infovia.com.ar

La presente edición de *Sobretensiones* se termino de imprimir en el mes de marzo de 2020 en Ed. Universitas. Se imprimieron 200 ejemplares.

Impreso en Argentina

www.ingramcontent.com/pod-product-compliance
Lightning Source LLC
Chambersburg PA
CBHW070604220526
45467CB00003B/1289